应用型本科院校"十三五"精品规划教材

液压传动与气动

主　编　陈金增　常宗滨

副主编　魏绍炎　李　伟

中国水利水电出版社
www.waterpub.com.cn
·北京·

内 容 提 要

  本书共分 14 章，内容包括：概述液压与气压传动的工作原理、组成、图形符号、优缺点、应用和发展；流体力学基础知识；液压动力设备、执行元件、控制元件和辅助元件；液压传动基本回路；典型液压传动系统分析；液压传动系统的设计与计算；气源装置与辅助元件、执行元件、控制元件、基本回路和控制系统分析。

  本书可作为高等学校机械制造及其自动化、机械设计与制造、化工与化工机械、机电一体化、模具设计与制造、动力与车辆工程等专业的教材，并适合作为各类成人高校、在职继续教育、自学考试等有关机械类专业的教材，也可供从事流体传动与控制技术的工程技术人员参考。

图书在版编目（CIP）数据

液压传动与气动 / 陈金增，常宗滨主编. -- 北京 ：
中国水利水电出版社，2017.5
 应用型本科院校"十三五"精品规划教材
 ISBN 978-7-5170-5008-7

Ⅰ．①液… Ⅱ．①陈… ②常… Ⅲ．①液压传动-高
等学校-教材②气压传动-高等学校-教材 Ⅳ.
①TH137②TH138

中国版本图书馆CIP数据核字(2016)第322801号

书　　名	应用型本科院校"十三五"精品规划教材 **液压传动与气动** YEYA CHUANDONG YU QIDONG	
作　　者	主　编　陈金增　常宗滨 副主编　魏绍炎　李　伟	
出版发行	中国水利水电出版社 （北京市海淀区玉渊潭南路 1 号 D 座　100038） 网址：www.waterpub.com.cn E-mail：sales@waterpub.com.cn 电话：（010）68367658（营销中心）	
经　　售	北京科水图书销售中心（零售） 电话：（010）88383994、63202643、68545874 全国各地新华书店和相关出版物销售网点	
排　　版	北京智博尚书文化传媒有限公司	
印　　刷	北京建宏印刷有限公司	
规　　格	184mm×260mm　16 开本　13 印张　307 千字	
版　　次	2017 年 5 月第 1 版　2017 年 5 月第 1 次印刷	
印　　数	0001—3000 册	
定　　价	32.00 元	

前　言

　　本书是根据高等学校机械设计制造及自动化、机械电子工程、材料成型及控制工程等专业教学要求，总结近年应用型本科院校的教学特点而编写的，教材突出侧重应用的特点，在保证内容反映国内外机械工程学科发展的基础上，通过合理安排内容结构，把握机械相关学科、课程之间的关系，保证教材自身体系的完整性。教材内容安排上按照流体力学理论、元件、回路、系统逐步深入的编写思路，既注重基本理论和性能，又注重设计方法的理论依据和工程背景，面向就业，培养学生的专业能力和职业素质。

　　本书共分 14 章。第 1 章概述液压与气压传动的工作原理、组成、图形符号、优缺点、应用和发展；第 2 章讲述流体力学基础知识；第 3～6 章分别讲述液压动力设备、执行元件、控制元件和辅助元件；第 7 章讲述液压传动基本回路；第 8 章讲述典型液压传动系统分析；第 9 章讲述液压传动系统的设计与计算；第 10～14 章分别讲述气源装置与辅助元件、执行元件、控制元件、基本回路和控制系统分析。

　　本书可作为高等学校机械制造及其自动化、机械设计与制造、化工与化工机械、机电一体化、模具设计与制造、动力与车辆工程等专业的教材，并适合作为各类成人高校、在职继续教育、自学考试等有关机械类专业的教材，也可供从事流体传动与控制技术的工程技术人员参考。

　　本书由武昌理工学院陈金增、黑龙江水利水电勘测设计研究院常宗滨任主编，武昌理工学院魏绍炎、湖北工业大学李伟任副主编。武汉大学王国顺教授主审并提出了许多建议，在此表示衷心感谢。

　　由于编者水平所限，再加时间仓促，错误之处在所难免，请读者提出宝贵意见。

编　者

2017 年 2 月

目　　录

绪　　论

现代工农业生产离不开机械,各种机械设备都是通过传动装置将原动机的能量传递给工作机构, 实现要求的功能。传动装置通常分为机械传动、电气传动及流体传动。传动的分类如图 0-1 所示。

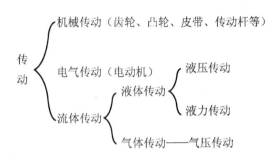

图 0-1　传动的分类

机械传动是通过齿轮、齿条、皮带、链条、蜗轮蜗杆、杠杆等机械进行动力传递和控制的传动形式, 图 0-2 所示为典型机械传动装置简图。图中电动机经皮带轮驱动二级齿轮减速器将能量传输给执行元件, 其特点是有固定的传动比, 传动效率高。

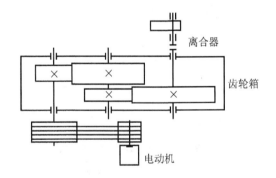

图 0-2　典型机械传动装置简图

电气传动是利用电气设备进行动力传递和控制的传动形式, 图 0-3 所示为电气传动简图。其特点是适于远距离传动, 无级调速, 传动效率高。

流体传动是以流体为工作介质, 进行能量转换、传递和控制的一种传递形式。通常分为液体传动和气体传动。对于液体传动而言, 按工作原理又可分为液压传动和液力传动, 液压传动是以液体的压力能进行能量传递的, 液力传动是以液体的动能进行动力传递的; 气体传动通常也称为气压传动, 与液压传动相似, 其通过动力元件, 与控制元件、执行元件等一起构成传动系统，图 0-4 所示为典型液压传动系统。

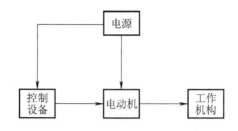

图 0-3 电气传动简图

本教材主要讲述液压传动与气压传动。

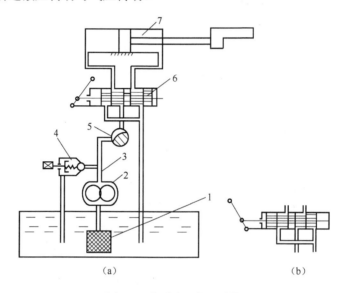

（a） （b）

图 0-4 典型液压传动系统

1—过滤器；2—齿轮泵；3—油管；4—溢流阀；5—节流阀；6—换向阀；7—油缸

不同传动方式性能比较见表 0-1。

表 0-1 不同传动方式性能比较

传动方式		操作力	动作快慢	环境要求	构造	负载变化影响	操纵距离	无级调速	维护
流体	气动	中等	较快	适应性好	简单	较大	中距离	较好	一般
	液压	最大	较快	不怕振动	复杂	有一些	短距离	良好	要求高
电	电气	中等	快	要求高	稍复杂	几乎没有	远距离	良好	要求较高
	电子	最小	最快	要求特高	最复杂	没有	远距离	良好	要求更高
机械		较大	一般	一般	一般	没有	短距离	较困难	简单

第1章 概　　述

1.1　液压传动的工作原理及特点

1.1.1　液压传动的概念

液压传动是根据流体静压传递原理发展起来的一门技术，它以液体作为工作介质，依靠液体的压力来传递动力，依靠液体的体积来传递运动。液压传动的工作原理可以用一个简化的模型来描述，如图 1-1 所示。图 1-1 中有两个液压缸 2 和 4，缸内分别有活塞 1 和 5，活塞与缸内壁紧密配合，两缸之间用管道 3 相连，内部充满液体。假设活塞能在缸内无摩擦地自由滑动，而液体又不会通过活塞与缸内壁之间的间隙泄漏，那么液体与外界隔离，形成密封工作容积。

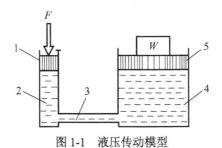

图 1-1　液压传动模型

1，5—活塞；2，4—液压缸；3—管道

若活塞 5 上有重物负载 W，则当活塞 1 上施加的驱动力 F 达到足够大时，就能阻止重物 W 下降。若活塞 1 在 F 作用下向下运动时，液压缸 2 排出液压油，通过连接管道 3 输送给液压缸 4，使重物 W 向上运动。在此过程中，活塞 1 上的驱动力 F 转化为活塞 1 底部的液体压力 p_1；活塞 5 底部的液体压力 p_2 克服重物负载 W 向上运动。

根据静力平衡原理有

$$F = p_1 A_1$$
$$W = p_2 A_2 \tag{1-1}$$

式中：A_1 为活塞 1 的作用面积；A_2 为活塞 5 的作用面积。

若不计管道的阻力损失，根据帕斯卡定理：在密封容积内，施加于静止液压油上的压力将以相等的数值传到液体的各点。则

$$\frac{W}{A_2} = p = \frac{F}{A_1}(= p_1 = p_2) \tag{1-2}$$

式（1-2）即为液压传动的力传递方程式，由该式可得出以下两个结论：

（1）液体压力 p 取决于作用在液压缸 4 上的重物负载 W，从而得出液压传动中的一个重要概念，即压力取决于负载。

（2）当负载 W 已知时，液体压力与液压缸的作用面积成反比。因此，可用小的驱动力 F 去驱动大的负载 W，只要活塞 5 的作用面积 A_2 大于活塞 1 的作用面积 A_1。

当不考虑泄漏和液体的可压缩性时，活塞 1 向下排出的容积等于活塞 5 向上运动所让出的容积，即两个液压缸的工作容积变化相等。

$$A_1 s_1 = A_2 s_2 \qquad\qquad (1\text{-}3)$$

式中：s_1、s_2 分别为活塞 1 和 5 的行程。

将式（1-3）两端同时除以时间 t，整理后得

$$A_1 v_1 = Q = A_2 v_2 \qquad\qquad (1\text{-}4)$$

式中：v_1、v_2 分别为活塞 1 和 5 的运动速度；Q 为通过连接管道 3 的液体流量。

式（1-4）即为液压传动的运动速度传递方程式，它表达了流体力学中的液流连续性和质量守恒定律，由该式可得出以下三个结论：

（1）活塞 5 的运动速度 v_2 取决于供给液压缸 4 的流量 Q，从而得出液压传动中的另一个重要概念，即速度取决于流量。

（2）只要能连续改变供给液压缸 4 的流量 Q，就可获得连续变化的负载运动速度 v_2。液压传动之所以能实现无级调速，正是基于这个原理。另外，采用节流方法也可实现无级调速。

（3）若停止供油，只要液压元件具有良好的密封性，则液压缸 4 中的活塞就停在原来的位置上。利用液压传动的这一特点可实现对工作机构的液压锁紧和液压制动。

由上面的力传递方程式（1-2）与运动速度传递方程式（1-4）相乘，可得到

$$F v_1 = pQ = W v_2 \qquad\qquad (1\text{-}5)$$

式（1-5）是液压传动的能量守恒与能量传递方程式，即液压缸 2 将机械能 $F v_1$ 转化为液压功率 pQ，液压缸 4 又将液压功率 pQ 转化为机械功 $W v_2$ 输出。在不计各种损失的情况下，能量在转化和传递过程中是守恒的，并且压力 p 和流量 Q 是液压传动的两个重要参数，两者的乘积 pQ 称为液压功率，代表了流动的压力液体所具有的做功的能力。

综上所述，若忽略各种损失，液压传动中工作机构的运动速度取决于流量的大小，而与负载无关。因此，液压传动既可实现不受负载影响的任意运动规律，也可借助于各种控制机构来实现与负载有关的各种运动规律。此外，液压传动借助于各种液压控制元件，易于实现对液体压力、流量和流动方向的控制，从而易于实现工作机构对力、位置、速度和运动方向的控制要求。所以，液压传动不仅能作为"传动"之用，而且还能作为"控制"之用。

1.1.2　液压传动系统的组成

图 1-2 所示为某液压系统结构原理图。液压泵 3 经滤油器 2 从油箱 1 中吸油，排出的压力油经压力油管 4 送入换向阀 5，最终经油管 6 或 7 送入液压缸 8，液压缸 8 中的活塞运动，导致驱动机构 9 随之运动。油管 6、7 互为液压缸 8 的进油管、回油管。回油经换向阀 5，从油管 10 流回油箱 1 中。为了防止系统中油压过高，液压泵 3 的出口支路上安装有溢流阀 11，当系统中的压力大过溢流阀 11 设定的压力时，多余油液经回油管 12 流回油箱 1。

由此可见，任何一种液压设备一般都由四部分组成，即动力元件（如液压泵）、执行元件（如液压缸）、控制元件（如换向阀）和辅助元件（如滤油器、油箱、油管）。

（1）动力元件，如液压泵。其功用是将原动机供给的机械能转化为液体的压力能，供给

液压传动系统一定流量的压力油液。一般情况下，液压泵采用容积式泵，如齿轮泵、螺杆泵和柱塞泵等。

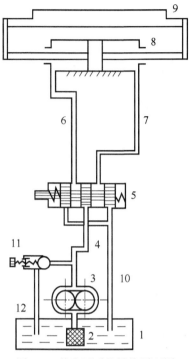

图 1-2　某液压系统结构原理图

1—油箱；2—滤油器；3—液压泵；4—压力油管；5—换向阀；6、7、10—油管；8—液压缸；
9—驱动机构；11—溢流阀；12—回油管

（2）执行元件，包括液压缸和液压马达。其功用是将工作介质的压力能转化为机械功，克服负载，驱动工作机构运动。其中，液压缸是一种实现直线运动，输出力和速度的执行元件；液压马达是一种实现旋转运动，输出力矩和转速的执行元件。

（3）控制元件，包括各种压力控制阀、流量控制阀和方向控制阀。其功用是调节和控制液压系统中液体的压力、流量和流动方向，以满足工作机构所需要的力（力矩）、速度（转速）和运动方向的要求。

（4）辅助元件，是除了上述三种主要液压元件以外的其他液压元件，包括油箱、油管、管接头、滤油器、蓄能器、压力表和热交换器等，对于保证液压传动系统工作的可靠性和稳定性具有重要意义。

此外，还有液压传动的工作介质，常用石油型液压油。

1.1.3　液压系统的图形符号

图 1-3 所示为某液压系统的原理图。其中，图 1-3（a）所示为结构式原理图，这种原理图直观性强，对初学者来说比较容易理解，但绘制起来很复杂，特别是当液压系统中的元件较多时，绘制更不方便。为了简化液压系统原理图的绘制，另有一种职能符号式液压系统原理图，

如图 1-3（b）所示。在此图中，各液压元件都用职能符号表示，职能符号则取自国家制定的流体传动系统及元件图形符号和回路图（GB/T 786.1—2009）。职能符号图绘制方便，图面清晰、简洁，部分液压传动符号见表 1-1。对于具有一定液压技术知识的人来说，更便于分析和理解液压系统。

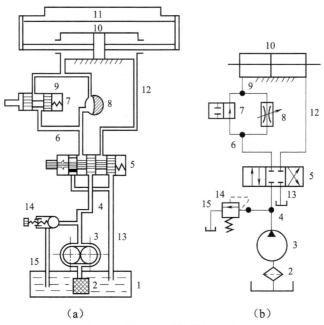

（a）　　　　　　　　　　　　（b）

图 1-3　某液压系统的原理图

1—油箱；2—滤油器；3—液压泵；4—压力油管；5—三位四通换向阀；6、9、12、13—油管；
7—二位二通换向阀；8—节流阀；10—液压缸；11—驱动机构；14—溢流阀；15—回油管

表 1-1　部分液压传动符号

序　号	名　　称	符　　号	序　号	名　　称	符　　号
1	液压泵、双向变量液压泵一般符号		6	直动型溢流阀	
2	液压马达、双向变量液压马达一般符号		7	先导型溢流阀	
3	单向变量液压泵		8	三位四通换向阀	
4	液压缸		9	节流阀	
5	减压阀		10	先导型顺序阀	

1.1.4 液压传动系统的分类

液压传动系统按油液在系统中循环的方式分为开式和闭式两种。

图 1-4（a）所示的液压系统中，液压泵 1 从油箱吸油，排出的压力油经过换向阀 2 送入液压缸 3，液压缸 3 的低压腔油液又经换向阀 2 回到油箱，这种系统称为开式液压系统。其优点是结构较简单，油液能在油箱中得到冷却散热和沉淀杂质；其缺点是需要较大容积的油箱，空气易混入油液中降低油液的当量弹性模量，从而影响系统的动态特性；而且由于执行元件的运动方向的改变是靠换向阀来实现的，容易产生液压冲击。

图 1-4（b）所示的液压系统中，液压泵 3 的吸、排口与液压马达 5 的进出口经管道相通形成闭合回路，这种系统称为闭式液压系统。其优点是系统结构紧凑，空气不易混入闭式系统中，并且采用双向变量泵时很容易实现执行元件的调速和换向，从而避免了换向阀换向时的液压冲击。其缺点是油液的散热条件差，而且需要设置补油系统，从而增加了系统的复杂性。

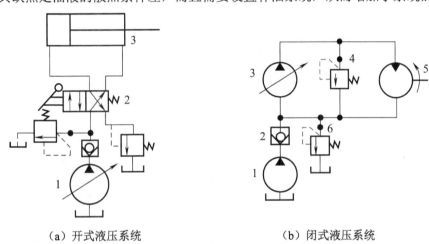

（a）开式液压系统 　　　　（b）闭式液压系统

图 1-4　液压系统图例

（a）1—液压泵；2—换向阀；3—液压缸　　（b）1—补油泵；2—单向阀；3—液压泵；4—安全溢流阀；
5—液压马达；6—定压溢流阀

1.1.5 液压传动的特点

液压传动与其他传动（如机械传动和电气传动等）相比较，有以下优点：

（1）液压传动装置的体积小、重量轻、结构紧凑。例如，相同功率下，液压传动装置的外形尺寸仅为电气传动装置的 12%~13%，重量仅为电气传动装置的 10%~12%。

（2）液压传动装置能在较大范围内实现无级调速，其调速比可高达 1 000 以上。并且具有各种形式的执行元件，可方便地实现各种运动形式（直线、旋转和摆动），能直接与工作机构相连接，从而省去了中间减速装置，使传动机构简化。此外，液压传动装置还能直接驱动低速大扭矩（或大力）的负载，最低稳定角速度可达 0.1rad/s。

（3）液压传动装置运动惯性小，反应速度快，因为油液可视为不可压缩，故系统动作灵敏、响应快、换向迅速、换向频率高和启动时间短，可以满足舰船机械设备工况变化范围大的要求。这对电液伺服系统（如自动舵和减摇装置）更具有重要意义。

（4）液压传动装置易于实现过载保护。只需要在液压系统中设置适当的安全溢流阀，即可防止液压系统超压过载。此外，蓄能器还可用作应急能源，在液压系统的动力元件发生故障时，起安全保护作用。

（5）液压油作为传动介质，使液压元件有自我润滑作用，使其工作安全可靠，而且有较长的使用寿命。

（6）液压元件和液压回路，液压元件甚至部分液压传动装置都已实现系列化、标准化和通用化，使液压传动装置的设计、制造、使用和维修大为简化。并且液压元件大多是机—电—液一体化元件，便于实现自动化。

液压传动也存在一些缺点：

（1）液压传动系统的总效率较低。因为在液压传动中进行的两次能量转换都有能量损失，而且流体在管路中和液压元件中都存在压力损失，在运动副之间以及油液分子之间有机械摩擦损失和黏性摩擦损失。此外，还有泄漏产生的容积损失。所以，液压系统总效率较低。

（2）液压传动不适应用在低温和高温环境下工作。特别是在高温环境下，液压传动的能量损失大多转化为热量，使工作介质温度升高，工作介质的黏度发生急剧变化，会影响液压传动装置的工作稳定性。

（3）液压传动不能得到定比传动。因为在传动过程中工作介质有一定的可压缩性，而且在液压元件内部的运动副中不可避免地有泄漏存在，这些都直接影响传动精度。

（4）为了减少泄漏，要求提高加工精度，降低运动副的间隙，这一方面导致液压元件成本较高，另一方面使液压元件对工作介质的质量和清洁度提出了较高的要求。

（5）液压传动装置的故障具有一定的隐蔽性和可变性，因此，其故障原因的分析与判断较其他传动方式要困难得多，所以，对液压传动装置的安装、使用和维修的技术水平有较高的要求。

综上所述，液压传动的优点是主要的，而其缺点将随着科学技术的发展，会逐渐地得到克服。特别是液压传动与其他传动方式相结合后，取长补短，使之具有了更广阔的应用前景。

1.2　气压传动原理及性能特点

气压传动简称气动，是指以压缩空气为工作介质来传递动力和控制信号，控制和驱动各种机械和设备以实现生产过程机械化、自动化的一门技术。其工作原理与液压传动类似，因为以压缩空气为工作介质具有防火、防爆、防电磁干扰、抗振动、冲击、辐射、无污染、结构简单、工作可靠等特点，所以气动技术与液压、机械、电气和电子技术一起，互相补充，已发展成为实现生产过程自动化的一个重要手段，在机械、冶金、轻纺、食品、化工、交通运输、航空航天、国防等领域得到广泛的应用。

1.2.1　气压传动的特点

空气随处可取，取之不尽、节省了购买、储存、运输介质的费用和麻烦，用后的空气直接排入大气，对环境无污染、处理方便。不必设置回收管路，因而也不存在介质变质、补充、更换等问题。

因空气黏度小（约为液压油的万分之一），在管内流动阻力小。压力损失小，便于集中供气和远距离输送。即使有泄漏也不会像液压油一样污染环境。

与液压相比，气动系统维护简单、管路不易堵塞。

由于压缩空气压力较低（一般为0.3~0.8MPa），因此，气动元件材料及制造精度要求低，制造容易，适于标准化、系列化、通用化。

气动系统对工作环境适应性好，特别在易燃、易爆、多尘埃、强磁、辐射、振动等恶劣环境中工作时，安全可靠性优于液压、电子和电气系统。

空气具有可压缩性，使气动系统能够实现过载自动保护，也便于储气罐储存能量，以备急需。

排气时气体因膨胀而温度降低，因而气动设备可以自动降温，长期运行也不会出现过热现象。

由于压缩空气的压缩性远大于液体，因此，气压传动在动作响应速度、运行平稳性等方面较液压传动差。

气压传动由于空气流速限定在声速内，其工作频率及响应速度远不如电子装置，而且信号产生较大失真和迟滞，不便于构成复杂回路，也难以实现控制。

气压传动出力较小，传动效率较低。

1.2.2 气压传动的组成

典型的气压传动系统由气压发生装置、执行元件、控制元件和辅助元件四部分组成（图1-6和图1-7）。

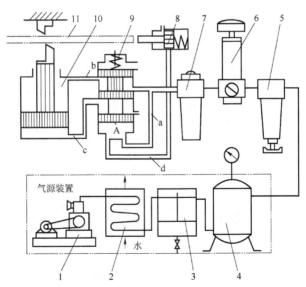

图1-6 典型气压系统原理图

1—空气压缩机；2—空气冷却器；3—油水分离器；4—储气罐；5—过滤器；6—减压阀；7—油雾器；8—行程阀；9—换向阀；10—气缸；11—工料

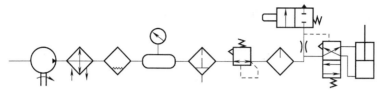

图 1-7　气压系统符号图

气压发生装置简称气源装置，是获得压缩空气的能源装置，其主体部分是空气压缩机，另外还有气源净化设备。主要包括空气压缩机、冷却器、油水分离器、干燥过滤装置、储气罐，如图 1-8 所示。储气罐的主要作用在于降低压缩空气的压力脉动，储存一定量空气以供短时较大耗气的需要，以及停电时起安全作用。

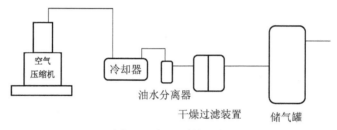

图 1-8　气源系统组成

执行元件，是以压缩空气为工作介质并将压缩空气的压力能转变为机械能的能量转换装置。包括做直线往复运动的气缸，做连续回转运动的气动马达和做不连续回转运动的摆动马达等。

控制元件又称为操纵、运算、检测元件，是用来控制压缩空气流的压力、流量和流动方向等，以便使执行机构完成预定运动规律的元件，包括各种压力阀、方向阀、流量阀、逻辑元件、射流元件、行程阀、转换器和传感器等。

辅助元件是使压缩空气净化、润滑、消声以及元件间连接所需要的一些装置。包括分水滤器、油雾器、消声器以及各种管路附件等。气源装置给系统提供足够清洁干燥且具有一定压力和流量的压缩空气。由空气压缩机排出的压缩空气虽然可以满足气动系统工作时的压力和流量要求，但其温度高达 170℃，且含有汽化的润滑油、水蒸气和灰尘等污染物，这些污染物将对气动系统造成不利影响，混在压缩空气中的油蒸气可能聚集在储气罐、管道、气动元件的容腔里形成易燃物，有爆炸危险。另外润滑油被汽化后形成一种有机酸，使气动元件、管道内表面腐蚀、生锈、影响其使用寿命。

1.3　液压与气压传动的发展概况

液压传动技术的发展与流体力学理论的发展密切相关，帕斯卡原理、牛顿黏性液体的内摩擦定律及流体力学的连续性方程、伯努利方程等理论成就了液压传动技术。18 世纪末，英国制造出世界上第一台水压机，是液压传动技术发展的标志性成果。

液压传动技术在第二次世界大战期间获得飞速发展，由于军事装备对反应速度、动作精确及大功率的液压传动系统的需求,推动了以电液伺服系统为代表的高精度液压元件和控制系统的迅速发展;第二次世界大战后,液压传动系统快速进入民用工业,在机床、工程机械、汽车、船舶、航空航天、农林业机械等领域得到广泛应用,形成了传动与控制技术相结合的完善的自动化技术。

随着液压机械自动化程度的提高,液压元件小型化、集成化成为液压传动技术的发展趋势,出现了插装阀、叠加阀;计算机技术与液压传动结合,计算机辅助设计、测试、控制与仿真成为液压传动技术的重要发展方向;随着微电子技术的发展,出现了电液比例控制液压元件、数字液压元件,推动液压传动向机电一体化集成方向发展。

随着液压传动向高压、大流量方向发展,降低噪声、防止泄漏的要求,推动了液压元件及系统的优化设计及新型密封元件的研制。

随着石油工业的发展,矿物油作为传动介质逐渐代替水,由于矿物油黏度大、润滑性能好、防锈等优良性能,克服了水作为传动介质的诸多缺点,使液压系统性能得到大大改善,推动了液压传动技术的大发展。随着"石油危机""生态危机"的出现,高水基液压液、水作为液压介质重新引起研究者的兴趣,特别是随着新材料、摩擦学、润滑理论、密封技术、精密加工、表面处理等技术的发展,为水作为液压液提供了良好的前景,成为液压技术发展的新方向。

20 世纪 50 年代,随着工业自动化的发展,气压传动发展成独立的一门技术;由于压缩空气具有防火、防爆、防电磁干扰、抗振动、冲击、辐射、无污染、结构简单、工作可靠等特点,气压传动成为工业自动化的重要手段,近年来,气压传动已经在机械、冶金、交通运输、轻工、食品、化工、军事等行业获得广泛应用,并且与微电子技术、计算机技术、传感器技术等结合,现代气压传动技术正向小型化、集成化、高速化、智能化方向发展。

习　　题

1-1　液压与气压传动的工作原理及组成元件有哪些?

1-2　液压系统分哪两类? 有何特点?

1-3　液压与气压传动各有何特点?

第2章　流体力学基础

流体机械是实现能量转换的机械。因此，掌握流体的基本性质及相关流体力学的基本理论，对于正确理解和掌握流体机械与传动的基本原理及合理使用相关装置都是十分重要的。

2.1　流体的基本性质

2.1.1　液体的主要物理性质

1. 液体的密度和重度

单位体积液体的质量称为液体的密度，即

$$\rho = \frac{m}{V},\tag{2-1}$$

式中：ρ 为液体的密度，kg/m^3；m 为液体的质量，kg；V 为液体的体积，m^3。

液体的密度随压力的升高而增大，随温度的升高而减小。但是，由于压力和温度的变化对密度的影响都很小，因此，一般情况下液体的密度可视为常数。一般液压油的密度约为 $900\ kg/m^3$。

工程上常将 ρg 称为重度，意义为单位体积液体的重量，g 为重力加速度。

2. 液体的黏性

1）黏性的物理意义

当液体在外力作用下流动时，由于液体分子间的吸引力而产生阻碍流体运动的内摩擦力，这种性质称为液体的黏性。

以图 2-1 为例，若间距为 h 的两平行平板间充满液体，下平板不动，而上平板以速度 v_0 向右运动。由于液体有黏性，紧贴于上平板上的液体粘附于上平板上，其速度与平板相同，即为 v_0。紧贴于下平板上的液体粘附在下平板，速度为零。而中间液体的速度则从下到上逐渐递增。当两平行平板之间的距离较小时，中间液体的速度按线性分布。

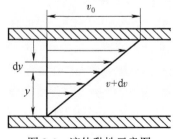

图 2-1　液体黏性示意图

实验测定表明，液体流动时相邻液层间的内摩擦力 F_f 与液体层的接触面积 A、液体层间的相对流速 $\mathrm{d}v$ 成正比，与液体层间的距离 $\mathrm{d}y$ 成反比，即

$$F_f = \mu A \frac{\mathrm{d}v}{\mathrm{d}y} \tag{2-2}$$

式中：比例系数 μ 为液体的动力黏度，Pa·s；$\mathrm{d}v/\mathrm{d}y$ 为速度梯度，1/s。

若以 τ 表示液体层间的切应力，即单位面积上的内摩擦力，则式（2-2）可表示为

$$\tau = \mu \frac{\mathrm{d}v}{\mathrm{d}y} \tag{2-3}$$

这就是牛顿液体内摩擦定律。

由式（2-3）可知，在静止液体中，速度梯度 $\mathrm{d}v/\mathrm{d}y = 0$，故其内摩擦力为零。也就是说，静止液体不呈现黏性，液体只有在流动情况下才显示出黏性。

2）黏性的表示方法

液体黏性的大小可用黏度来表示。常用的黏度有三种：动力黏度、运动黏度和相对黏度。

动力黏度 μ 又称绝对黏度，其物理意义是面积各为 $1\mathrm{cm}^2$ 和相距 1cm 的两层液体，当其中的某层液体以 1cm/s 的速度与另一层液体做相对运动时所产生的摩擦力。动力黏度直接表示了液体的黏性，即内摩擦力的大小。

在计算中经常采用运动黏度，它是液体的动力黏度与它的密度之比值，用 ν 表示，即

$$\nu = \frac{\mu}{\rho} \tag{2-4}$$

运动黏度没有什么明确的物理意义，只是因为在理论分析和计算中常常碰到动力黏度和密度 ρ 的比值，才引入这个物理量。由于它的量纲只与长度和时间有关，故称之为运动黏度。它的国际单位制单位是 m^2/s。例如，国产液压油的牌号是用液压油在 40℃时的运动黏度的平均值来表示的（单位是 mm^2/s），如牌号为 N68 的国产液压油，其在 40℃时的运动黏度的平均值为 68 mm^2/s。

由于动力黏度和运动黏度都难以直接测量，因此，工程上常采用另一种可用仪器直接测量的黏度单位，即相对黏度。相对黏度又称为条件黏度，它是使用特定的黏度计在规定条件下可以直接测量的黏度。由于测定条件不同，各国采用的相对黏度单位也不同。中国、德国和俄罗斯等一些国家采用恩氏黏度，美国采用赛氏黏度，英国采用雷氏黏度。

恩氏黏度用°E 表示，其与运动黏度的换算关系为

$$\nu = \left(7.31°\mathrm{E} - \frac{6.31}{°\mathrm{E}} \right) \times 10^{-6} \tag{2-5}$$

3）温度和压力对黏性的影响

温度变化使液体的内聚力发生变化，因此，液体的黏度对温度的变化十分敏感，当温度升高时，液体分子间的吸引力减小，黏度降低。液体的黏度随温度变化的性质称为黏温特性。不同种类的液体有不同的黏温特性。黏温特性较好的液体，黏度随温度的变化小。液体的黏度在不同温度下的值可由相关的黏温特性曲线查得。

当压力增大时，液体分子间的间距减小，分子间的吸引力增大，因此液体的黏度也会增大。但是这种影响在低压时并不明显，可以忽略不计。当压力在 50MPa 以下时，液压油的黏度可

用下式计算

$$\nu = \nu_0(1 + 0.03 \times 10^{-5} p) \qquad (2\text{-}6)$$

式中：ν_0 为绝对压力为 0.1MPa 时的运动黏度；p 为压力，MPa。

3. 液体的可压缩性

液体分子间有一定间隙，受压后体积会缩小，这种性质称为液体的压缩性。在一般计算中，液体的压缩性可以忽略不计，但在作液压元件或系统的动态分析时，则必须考虑液压油的压缩性。

液体体积的变化量与压力变化量的关系可表示为

$$\Delta V = -\frac{1}{K} \Delta p V \qquad (2\text{-}7)$$

式中：V 为液体的原始体积；ΔV 为体积的变化量；Δp 为压力的变化量，Pa；K 为液体的有效体积模量，Pa。

纯液压油的有效体积模量的平均值为 1 400～2 000MPa。当油中混入空气时，体积模量会降低至 700～1 400MPa。计算时可根据液压油的实际情况取值。

2.1.2 空气的物理性质及气体状态方程

1. 空气的组成

自然界的空气是由若干种气体混合组成的，其主要成分是氮（N_2）和氧（O_2），其他气体所占比例很小。此外，空气中常含有一定量的水蒸气，含有水蒸气的空气称为湿空气，大气中的空气基本上都是湿空气。当在一定的压力和温度下，空气中所含水蒸气达到最大可含量时，这种空气称为饱和空气。

没有水蒸气的空气称为干空气。基准状态下（即温度 $t = 0\ ℃$、压力 $p = 1\ bar$，干空气组成见表 2-1。

表 2-1 干空气组成

成　　分	氮（N_2）	氧（O_2）	氩（Ar）	二氧化碳（CO_2）	其他气体
体积分数/%	78.03	20.93	0.932	0.03	0.078
质量分数/%	75.50	23.10	1.28	0.045	0.075

空气的全压力是指其各组成气体压力的总和，各组成气体的压力称为分压力，它表示这种气体在相同温度下，独占空气总容积时所具有的压力。

2. 空气的性质

1）密度

一定体积的空气具有一定质量，常用密度 ρ 表示单位体积内空气的质量。

空气的密度与温度、压力有关，干空气密度计算式为

$$\rho_g = \rho_0 \frac{273p}{Tp_0} \qquad (2\text{-}8)$$

式中：ρ_g 为在热力学温度为 T 和绝对压力为 p 下的干空气密度，kg/m³；ρ_0 为基准状态下干空气的密度，$\rho_0 = 1.293$ kg/m³；T 为热力学温度，$T = 273 + t$，K；t 为温度，℃；p 为绝对压力，MPa；p_0 为基准状态下干空气的压力，$p_0 = 0.101\,3$ MPa。

湿空气的密度计算式为

$$\rho_s = \rho_0 \frac{273(p - 0.037\,8\varphi p_b)}{Tp_0} \qquad (2\text{-}9)$$

式中：ρ_s 为在热力学温度为 T 和绝对压力为 p 下的湿空气密度，kg/m³；p 为湿空气的绝对全压力，MPa；p_b 为在热力学温度为 T 时，饱和空气中水蒸气的分压力，MPa；φ 为空气的相对湿度。

2）黏性

空气的黏度受温度影响较大，受压力影响甚微，可忽略不计。空气的运动黏度随温度变化的关系见表 2-2。

表 2-2　空气的运动黏度 ν 与温度的关系（压力 0.101 3MPa）

T（℃）	0	5	10	20	30	40	60	80	100
ν（10^{-4} m²/s）	0.136	0.142	0.147	0.157	0.166	0.176	0.196	0.210	0.238

3）压缩性和膨胀性

气体因分子间的距离大，内聚力小，分子可自由运动。因此，气体的体积更容易随压力和温度发生变化。

气体体积随压力增大而减小的性质称为压缩性；而气体体积随温度升高而增大的性质称为膨胀性。气体的压缩性和膨胀性都远大于液体的压缩性和膨胀性，气体体积随压力和温度的变化规律服从气体状态方程。

3．气体状态方程

气体的压力、温度和体积三个参数表征气体所处的状态，气体从一种状态变化到另一种状态称为状态变化。气体状态方程描述气体在状态变化过程中或变化后，当处于平衡状态时其压力、温度和体积之间的关系。

1）理想气体状态方程

理想气体是指没有黏性的气体，空气可近似视为理想气体。

一定质量的理想气体，在状态变化的某一平衡状态的瞬时，其状态方程为

$$\frac{pV}{T} = 常数 \qquad (2\text{-}10a)$$

$$pv = RT \qquad (2\text{-}10b)$$

$$p = \rho RT \qquad (2\text{-}10c)$$

式中：p 为气体绝对压力，Pa；V 为气体的体积，m³；T 为气体的绝对温度，K；ρ 为气体的密度，kg/m³；v 为气体的比体积（单位质量体积），m³/kg，$v = 1/\rho$；R 为气体常数，N·m/(kg·K)；

干空气，$R_g = 287\mathrm{N} \cdot \mathrm{m} / (\mathrm{kg} \cdot \mathrm{K})$；湿空气 $R_s = 462\mathrm{N} \cdot \mathrm{m} / (\mathrm{kg} \cdot \mathrm{K})$。

理想气体的状态方程适用于绝对压力小于 20MPa、绝对温度不低于 253K 的空气、氧气、氮气、二氧化碳等气体，不适用于高压和低温状态下的气体。

2）气体状态变化过程

气体作为工作介质，在能量传递过程中其状态是要发生变化的。压力、温度和体积的变化决定了气体的不同状态和不同变化过程。实际的变化过程很复杂，工程上一般将气体由状态 1 变化到状态 2 的过程简化为等容、等压、等温、绝热和多变五种变化过程。

（1）等容过程。

一定质量的气体，在体积保持不变（V=常数）的条件下所进行的状态变化过程称为等容过程，等容过程的状态方程为

$$\frac{p}{T} = 常数 \quad 或 \quad \frac{p_1}{T_1} = \frac{p_2}{T_2} \tag{2-11}$$

式中：p_1、p_2 分别为起始状态和终止状态下的绝对压力，Pa；T_1、T_2 分别为起始状态和终止状态下的绝对温度，K。

在等容过程中，气体对外不做功。因此，气体随温度升高，其压力增加。

（2）等压过程。

一定质量的气体，在压力保持不变（p=常数）的条件下所进行的状态变化过程称为等压过程，等压过程的状态方程为

$$\frac{V}{T} = 常数 \quad 或 \quad \frac{V_1}{T_1} = \frac{V_2}{T_2} \tag{2-12}$$

式中：V_1、V_2 分别为起始状态和终止状态下的气体体积，m^3。

在等压过程中，气体随温度升高，体积膨胀，对外做功。

（3）等温过程。

一定质量的气体，在温度保持不变（T=常数）的条件下所进行的状态变化过程称为等温过程，等温过程的状态方程为

$$pV = 常数 \quad 或 \quad p_1V_1 = p_2V_2 \tag{2-13}$$

在等温过程中，气体温度无变化，加入气体的热量全部变为膨胀功。当气体状态变化很慢时，可视为等温变化过程，如管道中的送气过程、气缸慢速运动过程等。

（4）绝热过程。

一定质量的气体，在与外界没有热交换的条件下所进行的状态变化过程称为绝热过程。绝热过程的状态方程为

$$pV^k = 常数 \quad 或 \quad p_1V_1^k = p_2V_2^k \tag{2-14a}$$

$$\frac{p}{\rho^k} = 常数 \quad 或 \quad \frac{p_1}{\rho_1^k} = \frac{p_2}{\rho_2^k} \tag{2-14b}$$

式中：k 为绝热指数，对于不同的气体有不同的值；对于空气，$k = 1.4$。

在绝热过程中，气体靠消耗自身能量对外做功，其压力、温度和体积均为变量。当气体状态变化很快时，可视为绝热变化过程，如压缩机工作中的压缩过程。

（5）多变过程。

一定质量的气体，在没有任何制约条件下所进行的状态变化过程称为多变过程。严格说来，

气体的状态变化过程大多是多变过程，等容、等压、等温和绝热四种变化过程只是多变过程的特例。多变过程的状态方程为

$$pV^n = 常数 \quad 或 \quad p_1V_1^n = p_2V_2^n \tag{2-15}$$

式中：n 为多变指数，对于空气，$1 < n < 1.4$；在研究空气压缩机活塞的运动速度时，可取 $n = 1.2 \sim 1.25$。

2.2　液体静力学基础

由于空气的密度较小，静止空气重力的作用甚微，所以，本小节主要介绍液体静力学。液体静力学主要研究液体处于静止状态或相对静止状态下的力学规律。这里所说的相对静止，是指液体内部各质点之间没有相对运动，液体作为整体，完全可以像刚体一样做各种运动。

2.2.1　压力及其表示方法

液体内部某点单位面积所受的法向力称为压力。当液体内部某点在 ΔA 面积上作用的法向力为 ΔF，则该点的压力定义为

$$p = \lim_{\Delta A \to 0} \frac{\Delta F}{\Delta A} \tag{2-16}$$

液体静止时的压力称为静压力。静压力有如下两个性质：

（1）静止液体内任一点所受到的各方向静压力都相等，而与作用面的空间方向无关。

（2）静压力的作用方向垂直于承受压力的面，并与承受压力的面的内法线方向相同。

2.2.2　重力场中静止液体的压力分布

重力场中静止液体内某点的压力为

$$p = p_0 + \rho g h \tag{2-17}$$

式中：p_0 为液面处的压力；h 为液体中的点到液面的距离，即该点的深度。

根据式（2-17），重力场中静止液体的压力分布有如下结论：

（1）静止液体中任一点处的压力由两部分组成：一部分为液面上的压力 p_0，另一部分为该点以上液体自重产生的压力 $\rho g h$。

（2）静止液体内的压力随深度呈线性规律变化。

（3）离液面深度相同的各点压力相等。由压力相等的所有点组成的面叫作等压面。在重力场中，静止液体的等压面为一组水平面。

2.2.3　帕斯卡原理

在液压传动技术中，由外力所引起的液面的压力比由于重力引起的压力大得多，因此后者可忽略不计。这样，式（2-17）可写成

$$p = p_0 = 常数 \tag{2-18}$$

这就是说，在密闭容器内，施加在液体边界上的压力等值地传递到液体各点，这就是帕斯

卡原理。根据这一原理，可以得出液体不仅能传递力，而且还能放大或缩小力，并能获得任意方向的力。

2.2.4　压力的表示方法及单位

压力的表示方法有两种。一种是以绝对真空作为基准所表示的压力，叫作绝对压力；另一种是以大气压 p_a 作为基准所表示的压力，叫作相对压力。由于大多数测压仪表所测得的压力都是相对压力，所以相对压力也称为表压力。绝对压力与相对压力的关系为

$$绝对压力 = 相对压力 + 大气压$$

如果液体中某点处的压力小于大气压，这时该点处的绝对压力比大气压小的那部分数值叫作真空度，即

$$真空度 = 大气压 - 绝对压力$$

绝对压力、相对压力和真空度之间的关系如图 2 -2 所示。

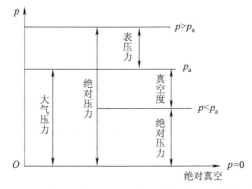

图 2-2　绝对压力、相对压力和真空度之间的关系

压力的单位为帕（Pa），$1Pa = 1N/m^2$。由于帕的单位很小，在工程上常采用兆帕（MPa）作为压力的单位。习惯上有时也使用非法定计量单位巴（bar）。常用压力单位之间的换算关系为

$$1MPa = 10^6 Pa$$
$$1bar = 10^5 Pa$$

2.3　液体动力学方程

流体动力学研究作用于流体上的力与流体运动之间的关系。包括流体的连续性方程、能量方程和动量方程等是流体运动学和流体动力学的基本方程。当气体流速比较低（$v < 5\,m/s$）时，气体和液体的动力学方程完全相同。因此，为方便起见，本节在叙述这些基本方程时仍以液体为主要对象。

2.3.1　液体流动的基本概念

1. 理想液体和定常流动

由于液体具有黏性，而且黏性只有在液体流动时才表现出来，因此研究流动液体时必须

考虑黏性的影响。由于液体中的黏性问题非常复杂，为便于分析和计算，可先假设液体没有黏性，然后再考虑黏性的影响，并通过实验等办法对上述结果进行修正。为此，把既没有黏性又不可压缩的液体称为理想液体，而把事实上既有黏性又可压缩的液体称为实际液体。

液体在流动时，如果任意点上的压力、流速和密度等运动参数不随时间而变化，则这种流动叫作定常流动；反之，叫作非定常流动。

2. 过流断面、流量和平均流速

与液体流动方向垂直的横截面叫作过流断面。

单位时间内流过过流断面的体积称为流量，用符号 q 来表示。流过过流断面 A 的流量可表示为

$$q = \int_A v\,\mathrm{d}A \tag{2-19}$$

由于液体具有黏性，过流断面上各点液体的速度不尽相同。所以，通常以过流断面上的平均速度 v 来代替实际流速，即

$$v = \frac{q}{A} \tag{2-20}$$

2.3.2　连续性方程

连续性方程表示了液体动力学中质量守恒这一客观规律。

设不可压缩液体在非等断面管中作定常流动，如图 2-3 所示。过流断面 1 和 2 的面积分别为 A_1 和 A_2，平均流速分别为 v_1 和 v_2。

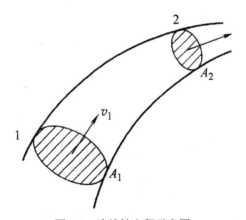

图 2-3　连续性方程示意图

对于理想液体，根据质量守恒定律，单位时间内液体流过断面 1 的质量一定等于流过断面 2 的质量，即

$$\rho v_1 A_1 = \rho v_2 A_2 = 常数$$

两边除以密度 ρ 得

$$v_1 A_1 = v_2 A_2 = q = 常数 \tag{2-21}$$

式（2-21）即为液流的流量连续性方程，它说明在定常流动中，通过所有过流断面上的流

量都是相等的，并且断面平均流速与断面面积成反比。

例 2-1　图 2-4 所示为液压缸外伸运动。液压缸无杆腔输入油液，活塞在油液压力的作用下推动活塞杆外伸。液压缸缸筒内径 $D = 100\,\text{mm}$，若输入液压缸无杆腔液体流量 $q_1 = 40\text{L/min}$，求液压缸活塞杆外伸的运动速度 v 是多少？

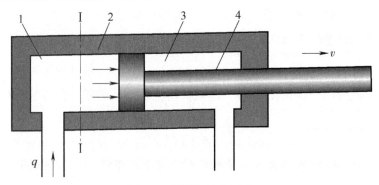

图 2-4　液压缸外伸运动

1—无杆腔；2—缸筒；3—有杆腔；4—活塞杆

解：液压缸缸筒的断面面积 A 为

$$A = \frac{\pi D^2}{4}$$

由于液体的压缩性非常小，可看作不可压缩。因此，活塞杆外伸运动速度就是无杆腔任一过流断面Ⅰ-Ⅰ面积上液体的平均流速。则活塞杆外伸运动时，Ⅰ-Ⅰ过流断面面积上流过的平均流量 q_1 为

$$q_1 = Av$$

根据不可压缩液体的连续性方程，输入液压缸的流量 q_1 应等于Ⅰ-Ⅰ过流断面面积上流过的平均流量 q_2，即

$$q_1 = q_2 = Av$$

因此，液压缸活塞杆外伸的运动速度为

$$v = \frac{q_1}{A} = \frac{40 \times 10^{-3} / 60}{\pi \times 0.1^2 / 4} = 0.085(\text{m / s})$$

2.3.3　伯努利方程

伯努利方程表示了液体动力学中能量守恒这一客观规律。

1. 理想液体的伯努利方程

理想液体因无黏性，又不可压缩，因此在管内作稳定流动时没有能量损失。根据能量守恒定律，同一管道每一截面的总能量都是相等的。

如图 2-5 所示，任取两个截面 A_1 和 A_2，它们距基准水平面的距离分别为 z_1 和 z_2，断面平均流速分别为 v_1 和 v_2，压力分别为 p_1 和 p_2。当外界未对流体做功、管内无流动损失。

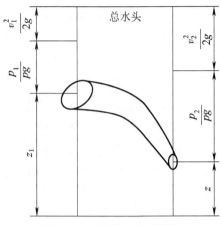

图 2-5　伯努利方程示意图

根据能量守恒定律得

$$z_1g + \frac{p_1}{\rho} + \frac{v_1^2}{2} = z_2g + \frac{p_2}{\rho} + \frac{v_2^2}{2} \tag{2-22a}$$

$$z_1 + \frac{p_1}{\rho g} + \frac{v_1^2}{2g} = z_2 + \frac{p_2}{\rho g} + \frac{v_2^2}{2g} \tag{2-22b}$$

由于两个截面是任意取的，因此式（2-22）又可表示为

$$zg + \frac{p}{\rho} + \frac{v^2}{2} = 常数 \tag{2-23a}$$

$$z + \frac{p}{\rho g} + \frac{v^2}{2g} = 常数 \tag{2-23b}$$

式（2-22a）和式（2-23a）即为理想液体的伯努利方程。其物理意义为：理想液体在定常流动时，各截面上具有的总比能由比位能、比压能和比动能组成，三者可相互转化，但三者之和保持不变。由于考虑到工程中使用方便，伯努利方程常采用另一种形式，见式（2-22b）和式（2-23b）。这些方程中各项都有长度量纲，通常分别称它们为位置水头、压力水头和速度水头。因此伯努利方程也可解释为位置水头、压力水头和速度水头之和，即总水头保持不变。

由伯努利方程可知，如果流量一定，则管路中任何一点所具有的位能、压力能和动能的总和是不变的。当管路直径发生变化时，流速随之变化，因而动能或是增大或是减少；然而，能量既不能创造也不能消减，因此，动能的变化必然转换成压力的提高或降低，如图 2-6 所示。

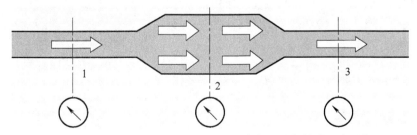

图 2-6　流量不变的情况下，位能、压力能和动能的总和也不变

在图 2-6 所示的管路液流流动中，1 断面面积小，流速高，动能大，所以压力低；2 断面

面积增大，流速减慢，动能下降，压力提高；摩擦损耗忽略不计，当 3 断面的流速变成和 1 断面相同时，压力又变成和 1 断面的压力一样。

2. 实际液体的伯努利方程

实际液体在管道中流动时，流速在过流断面上的分布不是均匀的，如果用平均流速来表示动能，则需引入动能修正系数 a：层流时 $a=2$，湍流时 $a=1$。同时由于黏性的存在，流动过程中要消耗部分能量，即存在水头损失 h_w。因此，实际液体的伯努利方程为

$$z_1 g + \frac{p_1}{\rho} + \frac{a_1 v_1^2}{2} = z_2 g + \frac{p_2}{\rho} + \frac{a_2 v_2^2}{2} + h_w g \qquad (2\text{-}24\text{a})$$

$$z_1 + \frac{p_1}{\rho g} + \frac{a_1 v_1^2}{2g} = z_2 + \frac{p_2}{\rho g} + \frac{a_2 v_2^2}{2g} + h_w \qquad (2\text{-}24\text{b})$$

伯努利方程揭示了液体流动过程中的能量变化关系，用它可对液压系统中的一些基本问题进行分析、计算。

3. 有能量输入的伯努利方程

在流体系统中，当两过流断面 1、2 之间安装有水泵、风机时，流体额外获得了能量，则伯努利方程为

$$z_1 + \frac{p_1}{\rho g} + \frac{a_1 v_1^2}{2g} + H = z_2 + \frac{p_2}{\rho g} + \frac{a_2 v_2^2}{2g} + h_w \qquad (2\text{-}25)$$

式中：H 为水泵的扬程。

例 2-2 图 2-7 所示为油泵吸油工作过程，油泵在油箱液面之上的高度为 h，求油泵进油口的真空度是多少？

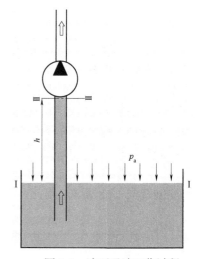

解：选取油箱液面为断面 I - I，油泵进油口处为断面 II - II。对断面 I - I 和断面 II - II 列伯努利方程，并以断面 I - I 为基准面，即有

$$\frac{p_1}{\rho g} + \frac{a_1 v_1^2}{2g} = h + \frac{p_2}{\rho g} + \frac{a_2 v_2^2}{2g} + h_w \qquad (2\text{-}26)$$

式中：油箱液面的压力为大气压 p_a，即 $p_1 = p_a$，而油箱液面的下降速度可近似为零，$v_1 = 0$，进油管路的压力损失为 $\Delta p_w = \rho g h_w$，代入式（2-26）经简化后，可得油泵进油口的真空度 $p_a - p_2$ 为

$$p_a - p_2 = \rho g h + \rho \frac{a_2 v_2^2}{2} + \Delta p_w \qquad (2\text{-}27)$$

图 2-7 油泵吸油工作过程

2.3.4 动量方程和动量矩方程

动量方程和动量矩方程表示了理论力学中的动量定理和动量矩定理在流体动力学中的应用。动量方程可以用来计算流动液体作用于限制其流动的固体壁面上的总作用力；而动量矩方

程用来解决流体通过旋转流体机械时的外力矩与其动量矩变化之间关系的问题。

1. 动量方程

在定常流动中，取两截面之间的液体为控制体，流入流出控制体的速度矢量分别为 v_1 和 v_2。则壁面对控制体的作用力为

$$F = \frac{\mathrm{d}(m\boldsymbol{v})}{\mathrm{d}t} = \rho q \beta_2 \boldsymbol{v}_2 - \rho q \beta_1 \boldsymbol{v}_1 \tag{2-28}$$

式中：q 为流过控制体的流量；β_1、β_2 为用断面平均流速代替真实流速的动量修正系数，湍流时取 1，层流时取 1.33。

液体对壁面的作用力与 F 大小相等，方向相反。

为了便于计算，通常将动量方程写成空间坐标的投影形式，即

$$\begin{cases} F_x = \rho q \beta_2 v_{2x} - \rho q \beta_1 v_{1x} \\ F_y = \rho q \beta_2 v_{2y} - \rho q \beta_1 v_{1y} \\ F_z = \rho q \beta_2 v_{2z} - \rho q \beta_1 v_{1z} \end{cases} \tag{2-29}$$

例如对液压滑阀进行理论分析和设计计算时，考虑液流流经阀腔时动量发生变化而引起的液动力，就需要借助动量方程进行求解。

例 2-3 图 2-8 所示为液流流经滑阀的流动。若流经滑阀的流量为 q，当液流从 A 流向 B，或从 B 流向 A 时，动量要发生变化，求作用在阀芯上的液动力是多少？

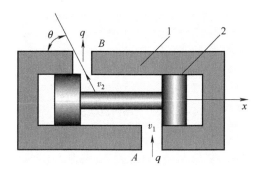

图 2-8 液流流经滑阀的流动

1—阀体；2—阀芯

解： 取进出油口之间的液体为控制体，根据式（2-28）可列出图 2-8 中控制体在阀芯轴线 x 方向上的动量方程式，即求得作用在控制体上的液动力 F 为

$$F = \rho q (-\beta_2 v_2 \cos\theta - \beta_1 v_1 \cos 90°) = -\rho q \beta_2 v_2 \cos\theta \tag{2-30}$$

则滑阀阀芯所受的稳态液动力 F' 为

$$F' = -F = \rho q \beta_2 v_2 \cos\theta \tag{2-31}$$

式中：F 为正值，即 F 的方向也是使阀芯右移、阀口关闭的趋势。

2. 动量矩方程

流体运动的动量矩方程可表述为：作用于控制体上的外力矩，等于单位时间内流出、流入

控制体界面（控制面）的动量矩之差，即

$$M = \frac{\mathrm{d}l}{\mathrm{d}t} \tag{2-32}$$

式（2-32）中所说的外力矩和动量矩都是对同一点而言的。

可将动量矩方程应用于流体在管路内流动中：水流在管路内流动方向改变 90°，利用动量方程可以求出水流对管路作用力的大小和方向。

如图 2-9 所示，水流从左侧进入，从上部流出。假设液体无黏性，流动是定常流动的。则对 x 轴方向

$$p_1 A - F_x - p_2 A \cos\alpha = \rho q v \cos\alpha - \rho q v = \rho q v(\cos\alpha - 1) \tag{2-33}$$

对 y 轴方向

$$F_y = \rho q v \sin\alpha + p_2 A \sin\alpha \tag{2-34}$$

则

$$F = \sqrt{F_x^2 + F_y^2}, \quad \theta = \arctan\frac{F_x}{F_y} \tag{2-35}$$

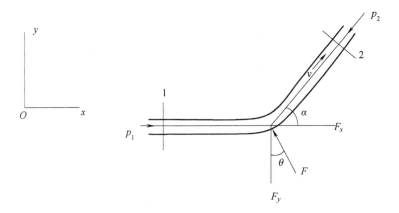

图 2-9   水在管路内流动示意图

2.4   液体在管道中的流动状态和压力损失

在实际液体的伯努利方程中，h_w 表示液体在流动时所产生的能量损失，在流体输送或液压系统中，这种能量损失主要表现为液体的压力损失。这些损失的能量将使液体发热、泄漏增加、系统效率降低。因此，在系统设计时，要正确计算压力损失，并找出减小压力损失的途径，这对于减少发热，提高系统效率和性能都有重要意义。

通常，压力损失与液体在管道中的流动状态有关。

2.4.1   液体的流动状态

英国物理学家雷诺（Osborne Reynolds）通过大量实验，发现液体在管道中流动时存在层流和湍流两种流动状态。不同的流动状态对压力损失的影响也不相同。

层流是指液体中质点沿管道做直线运动而没有横向运动。液体的流动呈直线性，而且平行于管道轴线。其特点是液体的流速较低，质点受到黏性制约，不能随意流动，黏性力起主导作用，液体的能量损失主要消耗在摩擦损失上，这种损失转化为热能，一部分被液流带走，一部分传给管壁。

湍流是指液体中质点除沿管道轴线方向运动外，还有横向运动，呈杂乱无章的状态。湍流是突然改变流向或横截面积，或是流速太高所引起的。其特点是湍流时流体运动速度较快，黏性的制约减弱，惯性力起主导作用。液体的能量损失主要消耗在动能上，这种损失会使液体搅动混合，产生旋涡、尾流，造成气穴，使管路振动，产生噪声。

实验证明，液体在圆管内的流动状态不仅与液体的断面平均速度有关，还与管径 d、液体的运动黏度 ν 有关。液体的流动状态可用雷诺数 Re 判定。雷诺数 Re 定义为

$$Re = \frac{vd}{\nu} \tag{2-36}$$

它是一个无量纲数。

对于非圆截面管道，雷诺数定义为

$$Re = \frac{vD_H}{\nu} \tag{2-37}$$

式中：D_H 为当量直径，可按下式求得

$$D_H = \frac{4A}{X} \tag{2-38}$$

式中：A 为过流断面面积；X 为湿周长度，即过流断面上与液体接触的固体壁面的周长。

液体由层流转变为湍流或由湍流转变为层流的雷诺数叫作临界雷诺数，记作 Re_{cr}：当雷诺数 $Re \leqslant Re_{cr}$ 时为层流，当雷诺数 $Re > Re_{cr}$ 时为湍流。常见液流管道的临界雷诺数见表 2-3。

表 2-3 常见管道的临界雷诺数

管道的形状	临界雷诺数 Re_{cr}	管道的形状	临界雷诺数 Re_{cr}
光滑的金属圆管	2 320	带沉割槽的同心环状缝隙	700
橡胶软管	1 600~2 000	带沉割槽的偏心环状缝隙	400
光滑的同心环状缝隙	1 100	圆柱形滑阀阀口	260
光滑的偏心环状缝隙	1 000	锥阀阀口	20~100

2.4.2 沿程压力损失

液体在直径不变的直管中流动时，由黏性摩擦引起的压力损失，称为沿程压力损失，它主要决定于液体的流速、黏度以及管道的长度和内径等。

1. 流速分布规律

设液体在直径为 d 的圆管中作定常流动，流动状态为层流，如图 2-10 所示。

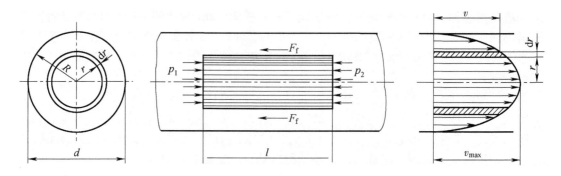

图 2-10　圆管层流流动

在液流中取一微小圆柱体，其长度为 l，半径为 r，作用在两端的压力分别为 p_1、p_2，根据牛顿内摩擦定律，圆柱体侧面所受切应力为

$$\tau = \mu \frac{\mathrm{d}v}{\mathrm{d}r} \tag{2-39}$$

该圆柱体的受力平衡方程为

$$(p_1 - p_2)\pi r^2 = -\mu \frac{\mathrm{d}v}{\mathrm{d}r} 2\pi r l = F_f \tag{2-40}$$

令 $\Delta p = p_1 - p_2$，由式（2-40）得到

$$\mathrm{d}v = -\frac{\Delta p}{2\mu l} r \mathrm{d}r$$

对上式积分考虑到边界条件：当 $r = R$ 时，$v = 0$，得到速度分布

$$v = \frac{\Delta p}{4\mu l}(R^2 - r^2) \tag{2-41}$$

可以看出，液体在圆管中做层流运动时，速度在半径方向上按抛物线规律分布

$$v_{\max} = \frac{\Delta p}{4\mu l} R^2 = \frac{d^2}{16\mu l} \Delta p \tag{2-42}$$

2. 流量

通过管道的流量为

$$q = \int_0^{\frac{d}{2}} 2\pi v r \mathrm{d}r = \int_0^{\frac{d}{2}} \frac{\Delta p}{4\mu l}(R^2 - r^2) 2\pi r \mathrm{d}r$$
$$= \frac{\pi d^4}{128\mu l} \Delta p \tag{2-43}$$

该流量公式叫作哈根-泊肃叶（Hagen-Poiseuille）公式，说明圆管中的流量与管径的四次方成正比，可见管径对流量的影响很大。

3. 平均流速

管道内的平均流速为

$$v = \frac{q}{A} = \frac{1}{\frac{\pi d^2}{4}} \frac{\pi d^4}{128\mu l} \Delta p = \frac{d^2}{32\mu l} \Delta p \tag{2-44}$$

比较式（2-42）和式（2-44）可知，平均流速是最大流速的 1/2。

4. 沿程压力损失

当液体在流动时，必然有使其产生流动的不平衡力存在。因此，当液体流过一个固定直径的管子时，与流道上游的任何一点比较，流道下游的压力总是要低点。这个压力差（即压降）是克服管道中的摩擦所需的。图 2-11 所示说明了液体沿管路流动过程中因摩擦引起的压力降，水箱中的水沿管路流动，从 1 至 4 各处管路中的压力逐渐降低。

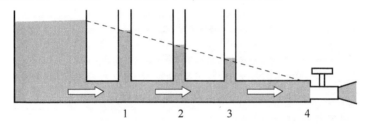

图 2-11　液体沿管流动因摩擦造成压力降示意图

液体沿管流动，其沿程压力损失 Δp_λ 可由式（2-44）得

$$\Delta p_\lambda = \frac{32\mu l v}{d^2} \tag{2-45}$$

由式（2-45）可以看出，当圆管中的液体流动为层流时，其沿程压力损失与管长、流速和液体黏度成正比。而与管径的平方成反比。整理式（2-45）并考虑到 $Re = vd / \nu$，可得

$$\Delta p_\lambda = \frac{64}{Re} \frac{l}{d} \frac{\rho v^2}{2} = \lambda \frac{l}{d} \frac{\rho v^2}{2} \tag{2-46}$$

式中：λ 为沿程压力损失系数。

式（2-46）可适用于层流和湍流。

层流时，沿程压力损失系数仅与雷诺数有关，与管道内壁粗糙度无关。由于液体在管道中流动时存在温度变化，不同液体在不同材料的管道中流动时，λ 有所不同：水的层流流动 λ 为 $64/Re$；油液在金属管道中流动时 λ 取 $75/Re$，在橡胶管道中流动时取 $80/Re$。

湍流时，一般用经验公式确定沿程压力损失系数。在湍流中靠近壁面存在一个层流边界层，当雷诺数 Re 较小时，层流边界层较厚，因而管壁的粗糙度 Δ 将不影响流体的流动，沿程压力损失系数 λ 仅与雷诺数 Re 有关，即 $\lambda = f(Re)$，这种情况称为水力光滑管。随着雷诺数 Re 的增加，管壁粗糙度大于层流边界层厚度时，管壁粗糙度对液体的湍流流动产生影响，这时，沿程压力损失系数 λ 与雷诺数 Re 以及管壁的相对粗糙度 Δ/d 都有关系，即 $\lambda = f(Re, \Delta/d)$。

当 $3 \times 10^3 < Re < 10^5$ 时，$\lambda = 0.3164 Re^{-0.025}$；

当 $10^5 < Re < 3 \times 10^6$ 时，$\lambda = 0.32 + 0.221 Re^{-0.237}$；

当 $Re > 3 \times 10^6$ 时，$\lambda = \left(2lg \dfrac{d}{2\Delta} + 1.74 \right)^{-2}$。

沿程压力损失系数 λ 随雷诺数 Re 及管壁的相对粗糙度 Δ/d 而变化的关系也可由莫迪（L.F.Moody）曲线查得。

管壁粗糙度值与材料和制造工艺有关，计算时可考虑下列 Δ 取值：铸铁管取 0.25mm，无缝钢管取 0.014mm，冷拔铜管取 0.0015～0.01mm，橡胶软管取 0.03mm。

2.4.3　局部压力损失

管路中流动的液体，当管路截面突然缩小、扩大或改变方向时，将引起液流呈现湍流流动。液体在湍流流动的情况下液流会产生旋涡，将使液体流动的摩擦力增大，管路的压力损失增加，由此而造成的压力损失称为局部压力损失。

局部压力损失可由下式计算

$$\Delta p_\xi = \xi \frac{\rho v^2}{2} \tag{2-47}$$

式中：ξ 为局部压力损失系数，一般通过实验来确定。

在液体系统中，液体流经阀件和辅助元件时所产生的工作压差也可视为局部压力损失。这类局部压力损失的计算，一般是用试验方法先获得通过额定流量 q_n 时的工作压差 Δp_{q_n}。于是可算得任何流量 q 时的工作压差为

$$\Delta p_q = \Delta p_{q_n} \left(\frac{q}{q_n} \right)^2 \tag{2-48}$$

2.4.4　管路系统总压力损失

管路系统中总的压力损失等于所有沿程压力损失和所有局部压力损失之和，即

$$\Delta p = \sum \Delta p_\lambda + \sum \Delta p_\xi \tag{2-49}$$

应用式（2-49）计算系统总压力损失时，要求两个相邻局部压力损失之间的距离应大于 10～20 倍管路内径，如果距离过小会互相干扰，使局部阻力系数增大 2～3 倍。

由压力损失计算式（2-48）和式（2-49）可知，减小流速、缩短管路长度，减少管路截面的突变、提高管壁加工质量等，都可减少压力损失。在这些因素中，流速的影响最大，因为压力损失与流速的平方成正比。因此在流体传动系统中，管路的流速不应太高。工程中常取下列流速范围：压力管路取 $v = 2.5 \sim 5\,\text{m/s}$。回油管路取 $v \leqslant 2\text{m/s}$，吸油管路取 $v = 0.5 \sim 1.5\,\text{m/s}$，阀口流速取 $v = 5 \sim 8\,\text{m/s}$。

2.5　孔口流动的流量计算

小孔在流体系统中的应用十分广泛。本节将分析流体经过薄壁小孔、短孔和细长孔的流动

情况，并推出相应的流量公式。

2.5.1　薄壁小孔的流量计算

薄壁小孔是指小孔长径比 $(l/d) \leqslant 0.5$ 的孔。对图 2-12 所示的薄壁小孔，列出截面Ⅰ-Ⅰ和Ⅱ-Ⅱ的伯努利方程

$$\frac{p_1}{\rho g} + \frac{a_1 v_1^2}{2g} + h_1 = \frac{p_2}{\rho g} + \frac{a_2 v_2^2}{2g} + h_2 + h_w \tag{2-50}$$

式中：p_1，v_1，h_1 分别为截面Ⅰ-Ⅰ处的压力、流速和高度；p_2，v_2，h_2 分别为截面Ⅱ-Ⅱ处的压力、流速和高度；h_w 指由于流束的收缩和扩散造成流体的能量水头损失，收缩的程度取决于雷诺数、孔口离通道内壁的距离。

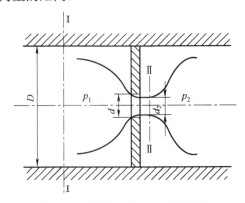

图 2-12　薄壁小孔流量计算简图

设 $h_1 = h_2$，因 $D \gg d$，故 v_1 忽略不计。h_w 为局部损失的能量水头。

由式（2-47）得 $h_w = \xi(v^2 / 2g)$。将它代入式（2-50）得

$$\frac{p_1}{\rho g} = \frac{p_2}{\rho g} + \frac{a_2 v_2^2}{2g} + \xi \frac{v_2^2}{2g}$$

故

$$v_2 = \frac{1}{\sqrt{a_2 + \xi}} \sqrt{(p_1 - p_2)\frac{2}{\rho}} = C_v \sqrt{\frac{2}{\rho} \Delta p} \tag{2-51}$$

式中：Δp 为小孔前后的压差，即 $\Delta p = p_1 - p_2$；a_2 为截面Ⅱ-Ⅱ的动能修正系数。对于完全收缩的孔口，$a_2 = 1$；C_v 为速度系数，$C_v = 1\sqrt{a_2 + \xi}$。

所以，通过小孔的流量 q 为

$$q = v_2 A_2 = C_c C_v A \sqrt{\frac{2}{\rho} \Delta p} = C_q A \sqrt{\frac{2}{\rho} \Delta p} \tag{2-52}$$

式中：C_c 为截面收缩系数，$C_c = A_2 / A$；A、A_2 分别为小孔截面积及收缩截面面积；C_q 为流量系数，$C_q = C_v C_c$。

液体流量系数值由试验确定，当 $(D/d) > 7$ 时，液流完全收缩，$C_q = 0.61 \sim 0.62$，当 $(D/d) < 7$ 时，管壁对液流进入小孔有导向作用，此时液流为不完全收缩，$C_q = 0.7 \sim 0.8$。

对于气体，流经小孔的收缩系数可由图 2-13 查出。

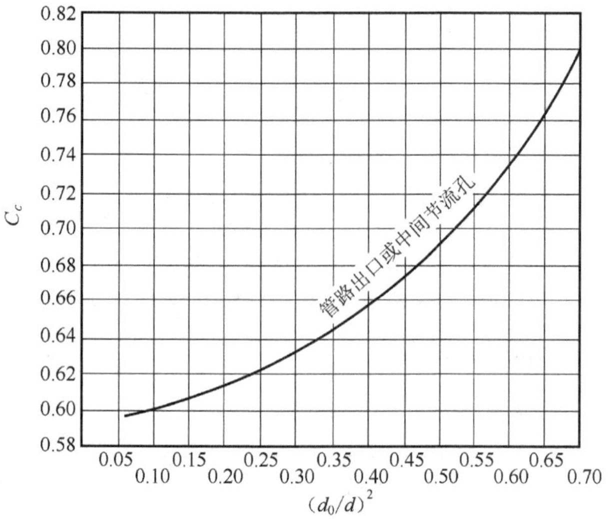

图 2-13　气体流经节流孔的收缩系数

由式（2-52）可知流经薄壁小孔的流量和小孔前后的压力差 Δp 的平方根成正比，并且流经薄壁小孔的流态一般是湍流，故流量与温度基本无关。因此，薄壁小孔以及流量特性与其相近的锥阀、滑阀等常在流体传动系统中被用作调节流量的器件。

2.5.2　液体流经细长小孔的流量计算

细长小孔一般指小孔的长径比 $(l/d)>4$ 的孔。液体流过细长小孔时，一般为层流状态，故细长小孔的流量公式可用已推导的层流时直管的流量式（2-42），即

$$q = \frac{\pi d^4}{128\mu l}\Delta p = \frac{d^2}{32\mu l}\frac{d^2}{4}\Delta p = C_q A \Delta p \qquad (2\text{-}53)$$

由式（2-53）可知，液体流经细长小孔的流量与液体的黏度成反比，即流量受温度影响，并且流量与小孔前后的压力差呈线性关系。

2.6　空　穴　现　象

2.6.1　空穴现象的产生原因

在液流中当某点压力低于液体所在温度下的空气分离压时，原来溶于液体中的气体会分离出来产生气泡，这就叫空穴现象，当压力进一步减小而低于液体的饱和蒸汽压时，液体就迅速汽化形成大量蒸汽气泡，使空穴现象更为严重，从而使液流呈不连续状态。

空穴现象的产生原因包括：

（1）空气分流压。

（2）饱和蒸汽压。

当液压系统中出现空穴现象时，大量的气泡波坏了液流的连续性。当大量气泡随着液流到压力较高的部位时，气泡在高压下迅速破裂，并又凝结成液体，使体积突然减小而形成真空，周围高压油迅速流过来补充。由于这一过程时间极短，液体质点高速碰撞，产生局部高压，并产生强烈的振动和噪声，对金属管壁产生化学腐蚀作用，使液压元件表面受到侵蚀，剥落。

2.6.2　防止产生空穴现象和气蚀的措施

防止产生空穴现象和气蚀的措施有如下几点。

（1）减小流径小孔和间隙处的压力降，一般希望小孔和间隙前后的压力比 $p_1 / p_2 < 3.5$。

（2）正确确定液压泵吸油管内径，对管内液体的流速加以限制，降低液压泵的吸油高度，尽量减小吸油管路中的压力损失，管接头良好密封，对于高压泵可采用辅助泵供油。

（3）整个系统管路应尽可能直，避免急弯和局部窄缝等。

（4）提高元件抗气蚀能力。

2.7　液压冲击

液压系统在突然启动、停机、变速或换向时，阀口突然关闭或动作突然停止，由于流动液体和运动部件惯性的作用，使系统内瞬时形成很高的峰值压力，这种现象就称之为液压冲击。液压冲击的出现可能对液压系统造成较大的损伤，在高压、高速及大流量的系统中其后果更严重。

液压冲击的危害有以下几点。

（1）液压系统中的很多元部件如管道、仪表等会因受到过高的液压冲击力而遭到破坏，一般来说液压冲击产生的峰值压力，可高达正常工作压力的 3~4 倍。重则致使管路破裂、液压元件和测量仪表损坏，轻者也可使仪器精密度下降。

（2）液压系统的可靠性和稳定性也会受到液压冲击的影响，如压力继电器会因液压冲击而发出错误信号，干扰液压系统的正常工作。

（3）液压系统在受到液压冲击时，还能引起液压系统升温，产生振动和噪声以及连接件松动漏油，使压力阀的调整压力（设定值）发生改变。

2.8　液压油

液压传动工作介质有石油型液压油、合成液压液和以水为主要成分的高水基液压液三大类。目前常用的工作介质是石油型液压油，也称为矿物型液压油，简称为液压油。它是由石油经炼制并增加适当的添加剂而制成的，其润滑性和化学稳定性好，是迄今液压传动中最广泛采用的一种工作介质。

在液压传动中，液压油有四个方面的功用。

（1）传递能量和信息。液压油是液压传动中能量转换和信息传递的工作介质。在液压泵中原动机的机械能转化为液压油的压力能，经过管路将压力能输送和传递到执行元件；在执行元件（液压马达或液压缸）中将液压油的压力能转化为机械功输出，实现对负载做功。由此可见，液压油是压力能的载体。此外，信息传递同样是靠改变液压油的基本参数（压力和流量等）来实现的。

（2）润滑液压元件。许多液压元件内有运动副，这些运动副的润滑都依赖于循环流动的液压油。

（3）调节液压传动装置的工作温度。液压传动过程中有许多环节会产生能量损失，而损失的能量绝大部分转化为热量，使装置温度升高。过高的温度是液压传动装置正常工作所不允许的。因此，液压油在系统中循环时，连续不断地将热量转移和散发出去，从而调节液压传动装置的工作温度；液压油带出的热量再通过附加的冷却系统将热量转移出去。

（4）传输污染物质。液压传动过程中，液压元件中运动副磨损造成的金属或非金属机械杂质，从密封或密封连接处可能侵入的灰尘、空气、水分和液压元件装配中遗留或带进的微粒、棉丝以及液压油本身老化变质等原因产生的污染物质等，都被液压油传输到排污器（滤油器和油箱等）排除掉。

在液压传动装置中，液压油既是传递能量的工作介质，又是液压元件的润滑油，因此它比一般的润滑油有更高的性能要求。具体概括为以下几点。

（1）适宜的黏度和良好的黏温特性。一般液压传动装置所用的液压油的黏度范围为

$$\nu = 11.5 \sim 35.3 cst = 2 \sim 5°\text{E}_{50} \tag{2-54}$$

（2）良好的润滑性能，以减少液压元件中运动副的磨损，从而保证液压元件有较长的使用寿命。通常，液压油中加入了适当的添加剂，以增加其润滑性能。

（3）良好的稳定性，是指在高温下，油液与空气保持长期接触（抗氧化）和高速通过缝隙或小孔（抗机械剪切）后，仍能保持其原有化学成分不变的性质。

（4）质地纯净，不含或含有极少量的杂质、水分和水溶性酸和碱等。

（5）有良好的消泡性和抗乳化性。油液中的泡沫一旦进入液压系统，就会产生振动、噪声和增大液压油的可压缩性等，因此，要求液压油具有能够迅速和充分地放出气体，不致形成泡沫的性质，即消泡性。为了改善液压油的消泡性，一般在液压油中都加入了消泡添加剂。

（6）凝固点低，流动性好，以保证液压系统在低温条件下仍能正常工作。

（7）自燃点和闪点要高，以保证液压系统在高温环境下工作时液压油的安全储存。

（8）没有腐蚀性，防锈蚀性能好。还具有良好的相容性，即对密封橡胶和涂料等无溶解作用。

习　题

2-1　正常成人的血压是收缩压 100~120mmHg，舒张压 60~90mmHg，用国际单位制表示是多少？

2-2 如题 2-2 图所示密闭容器，压力表的示值为 4 900N/m²，压力表中心比 A 点高 0.4m，A 点在水下 1.5m，求水面压力。

2-3 简述伯努利方程的物理意义。

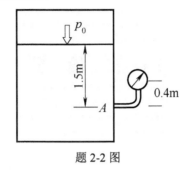

题 2-2 图

第3章 液压动力设备

3.1 齿 轮 泵

3.1.1 齿轮泵的基本结构和工作原理

齿轮泵的主要部件是泵壳、端盖和装于其中的两个齿轮，如图 3-1 所示。齿轮由两端的轴承支持运转。图中右面的齿轮为主动齿轮，是由原动机带动的；左面的齿轮是从动齿轮，是由主动齿轮带动的。由于泵壳和端盖对齿轮的包围，以及啮合齿牙的接触，泵内分成上下两个互相密封隔离的工作容腔，下面为吸入工作容腔 A，上面为排出工作容腔 B。这种吸排容腔互相密封隔离的结构特点是与转动能泵截然不同的。

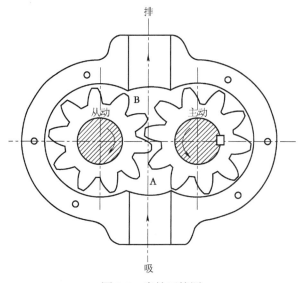

图 3-1　齿轮泵简图

当齿轮泵按图中所示方向转动时，下面的工作容腔 A 由于齿牙的不断拔出而逐渐增大，内部的压力降低，吸入管内的液体于是被吸入进来补充进齿间，这一过程称为吸入过程。与此同时，上面的工作容腔 B 由于齿牙的不断插入，容积是逐渐变小的，其中的液体于是被挤压而提高了压力，最后克服排出管的背压向外排出，这一过程称为排出过程。吸入工作容腔 A 与吸入管相通，排出工作容腔 B 与排出管相通。介于吸排工作容腔之间的中间部分是齿间容积，它是不会发生变化的，只是把吸进齿间的液体从吸入工作容腔 A 带到排出工作容腔 B 中去，这一过程称为传送过程。如此，当齿轮连续运转时，齿轮泵就不断形成容积变化而吸排液体，并按吸入、传送、排出三个过程进行工作。由此可见，齿轮泵是靠齿轮的啮合转动时泵内工作容腔产生容积变化进行吸排工作并使液体增加能量而达到输送目的的，其工作原理就是容变式工作原理。

3.1.2　齿轮泵的特性

1．齿轮泵的流量

齿轮泵的主要性能参数之一是流量，其工作性能的好坏主要看流量是否达到要求。流量可根据工作容积的变化量进行计算，但齿轮泵流量的精确计算是十分复杂的，一般采用近似计算方法。假设齿牙体积等于齿间容积，则每个齿轮的齿间容积为

$$V = \frac{1}{2} \times \frac{\pi}{4}\left(D_2^2 - D_1^2\right)b \tag{3-1}$$

式中：D_1 为齿根圆直径；D_2 为齿顶圆直径；b 为齿宽。

如果不考虑泄漏，显然容积 V 就是一个齿轮每转一转的吸排量。因此，对于两个齿轮尺寸相同的齿轮泵，其理论流量 Q_t 为

$$Q_t = 2 \times \frac{1}{2} \times \frac{\pi}{4}\left(D_2^2 - D_1^2\right)nb = \frac{\pi}{4}\left(D_2^2 - D_1^2\right)bn \tag{3-2}$$

式中：n 为齿轮泵的转速。

齿轮泵的实际流量 Q 为

$$Q = Q_t\eta_v = \frac{\pi}{4}\left(D_2^2 - D_1^2\right)bn\eta_v \tag{3-3}$$

式中：η_v 为齿轮泵的容积效率。齿轮泵的容积效率受泵的排出压力、齿轮结构尺寸、转速、间隙及液体黏度等因素的影响，一般情况下取 $\eta_v = 0.58 \sim 0.96$ 。

此外，齿轮泵齿数的多少对流量也有影响。在齿数较少的齿轮泵中，齿间容积相对地比较大，因而齿轮泵的理论流量也较大。若齿轮泵的齿轮宽度和转速都相同，由于齿数较少的齿轮的齿间容积相对较大，所以，齿轮泵的齿数一般情况下比传动用齿轮的齿数少，通常为6～14齿。

2．泄漏对齿轮泵流量的影响

由容变式工作原理可知，齿轮泵工作时的排出压力是由排出管路系统的背压需要所决定的。这是因为泵要把液体排送出去，就必须把液体压力提高到超过背压，而排出工作容积变小时的挤压作用，总是能将液体挤压出去。所以，齿轮泵的扬程在理论上是可以很高的，即装置系统要求多高的扬程，泵就可以产生多高的扬程，这是由容变式工作原理所决定的，也是不同于转动能泵的一个性能特点。

虽然齿轮泵的压力（扬程）在理论上可以很高，但是由于泵内存在泄漏，压力越高时泄漏越严重，因此，齿轮泵的实际工作压力是受到限制的。普通结构的齿轮泵的工作压力一般不超过 3MPa，而高压齿轮泵则必须采取特殊的防漏措施。

齿轮泵的理论流量是由容积变化量决定的，而实际流量受到泄漏的严重影响，泄漏又限制了齿轮泵实际所能达到的工作压力，因此，减少泄漏是齿轮泵的设计和使用管理中应注意的主要问题。

泄漏发生在存在压力差的间隙处。因为在齿轮泵的吸排工作容腔之间存在着压力差，在齿轮两端和端盖之间有侧面间隙，齿顶与泵壳之间有径向间隙，如果齿牙表面有缺陷的话，两啮

合齿牙接触面之间也存在间隙，所以，齿轮泵排出的压力液体会通过这些间隙漏向低压的吸入腔。

根据流体力学分析可知，齿轮泵的泄漏量 Q_s 取决于间隙的大小 δ、间隙的长度 l、间隙的宽度 b、液体的黏度 μ、压力差 Δp 等因素。当经过平板式间隙的泄漏液流呈层流状态时，泄漏量为

$$Q_s = \frac{\delta^3 b \Delta p}{32 \mu l} \qquad (3\text{-}4)$$

液流通过齿轮泵间隙的泄漏通常呈层流状态，因此泄漏量是随 δ^3 和 Δp 的增大而增大，但随 μ 和 l 的增大而减小。为了减小泄漏量，最主要的是控制间隙，在保证运动件不发生碰撞情况下尽可能减小间隙。通过侧面间隙的泄漏量比径向间隙要大得多，这是因为径向间隙的泄漏路径较长，而且齿轮转向和径向间隙的泄漏方向相反，所以可以阻滞经过径向间隙的泄漏。因此，齿轮泵的侧面间隙是至关重要的，一般要求控制在 0.02~0.08mm；而径向间隙一般要求控制在 0.04~0.3mm。使用与管理中应定期检查并及时恢复齿轮泵的各处间隙，特别要注意恢复应有的侧面间隙。另外，输送黏度较大的油类时，其泄漏量减小，这是齿轮泵多用作油泵的原因之一。

3. 齿轮泵的特性曲线

齿轮泵的特性曲线有两种形式，其一是一定转速下的流量排出压力、效率排出压力和轴功率排出压力曲线，如图 3-2（a）所示；其二是不同转速情况下的一簇排出压力—流量曲线，如图 3-2（b）所示。

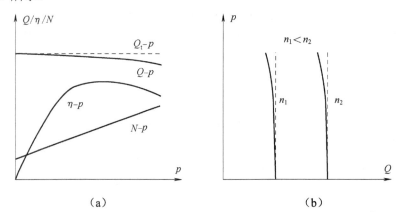

（a）　　　　　　　　　　（b）

图 3-2　齿轮泵的特性曲线

由容变式原理可知，理论流量 Q_t 与排出压力 p 的关系是水平直线，即理论流量不受压力的影响，只取决于容积变化量。由于泄漏的存在，并且泄漏量是随压力差的增大而增大，因此曲线 $Q\text{-}p$ 是向下倾斜的曲线。轴功率是随着排出压力 p 增大而增大的，近似于一条倾斜向上的直线。齿轮泵的损失包括机械损失和泄漏损失，分别用机械效率和容积效率来表示，两个效率之乘积为齿轮泵的效率，它是随排出压力而变化的。齿轮泵的机械损失主要是轴承和填料处的摩擦损失，其大小与润滑条件有关。为了减少机械损失，齿轮泵必须保证良好润滑。

图 3-2 (b) 所示的特性曲线的第二种形式表示在不同转速下的排出压力与流量的关系。随着转速的增高，齿轮泵的流量是增大的。因此，齿轮泵的流量调节最好是通过改变转速来调节，但通常难以实现，故一般采用旁通阀调节流量。

齿轮泵的轴功率是随着排出压力增加而增大的，所以齿轮泵不允许封闭工作，也不允许封闭启动。启动时，必须先打开排出阀，否则，排出阀关闭时，排出压力将急剧升高，同时轴功率大大增加，会造成原动机超负荷或者使管路、泵壳破损。为了确保齿轮泵安全工作，防止因启动时忘记打开排出阀而造成危险，齿轮泵都装有安全溢流阀。

4. 齿轮泵的干吸能力

由容变式工作原理决定，齿轮泵是具有干吸能力的。也就是说，启动齿轮泵时，它自身能够先把泵体和吸入管内的空气排除出去而完成输送液体的任务。这是因为在干吸过程中，泵的吸排压差逐渐增大，因而使吸入压力逐渐降低到需要的真空度。因此，泵壳体和吸入管中的空气就一次一次地被排除出去，吸入管中的液体一点一点地补充到泵里来，最终把空气排净而转入输送液体的正常工作状态。但是，如果泵吸排工作容腔之间的密封不好时，排出的空气会倒流回吸入工作容腔，导致空气难以排净，也就不能完成干吸任务。事实上，在泵内无油的干转情况下，由于间隙的存在，齿轮泵的干吸效果是很差的。所以，新泵虽然具有干吸能力，但干转会使齿轮泵严重磨损，因而使间隙增大导致干吸能力的破坏。所以，齿轮泵虽然由工作原理决定是有干吸能力的，但要防止干转，应随时保证润滑。

5. 齿轮泵的气穴现象

在齿轮泵工作中，当吸入工作容腔的压力下降到低于空气从油液中分离出来的压力时，混溶在油液中的空气会分离出来而形成气泡；当气泡被带到排出工作容腔时，在高压作用下，气泡便急剧缩小体积，从而产生局部液压冲击现象，这种现象称为气穴现象。

齿轮泵的气穴现象与离心泵输水时发生的汽蚀现象有相似之处，但有一定的差别。这是因为油液中空气的混溶量大于水中空气的混溶量，而油中的空气分离压力又远远高于饱和蒸汽压力，所以，随着吸入压力的降低，首先是空气泡分离出来，然后才是油液的沸腾汽化。因此，齿轮泵通常发生的是空气泡的分离与急剧缩小体积，而离心泵通常发生的是水的汽化与凝结。齿轮泵发生气穴的现象是振动与噪声的加剧和流量与排出压力的波动；离心泵发生汽蚀的现象除了振动与噪声加剧外，还伴随着流量和扬程的降低及叶轮的啄蚀。

为了避免气穴现象的发生，应尽量避免齿轮泵的吸入压力下降太多，所以要尽量减小吸入管路中的流动阻力，泵的安装高度不能太高。工作中吸入阀要开大开足，滤网要经常清洁。此外，如果油泵的转速过高，则吸入的油液来不及充满吸入工作容腔，也会产生气穴现象；所以，每个齿轮泵的铭牌上都规定了额定转速，使用中不得随意提高转速。

6. 齿封现象及其避免方法

为了保证齿轮泵的齿轮连续传动运转，两个齿轮啮合的重叠系数必须大于 1，即在齿轮传动过程中，在前一对齿牙没有脱离接触之前，第二对齿牙必须进入传动接触，这样，每时每刻都有一对以上的齿牙相接触。当两对齿牙同时接触时，在两个接触点 A、B 之间（图3-3），由接触线和端盖所包围，将形成一个封闭的空间，称为齿封容积。在齿轮传动过程中，齿封容积是变化的。从图 3-4 中位置 Ⅰ 到位置 Ⅱ，齿封容积是变小的，其中封闭的液体受到挤压，压力将急剧增高，迫使内部的液体通过缝隙漏到吸入工作容腔去，从而造成泄漏损失；同时，齿轮和轴承的受力增加，加重了工作负荷并加快磨损。从图 3-4 中的位置 Ⅱ 到位置Ⅲ时，齿封容积是增大的，其中的压力降低，混溶于油液中的空气将分离出来，甚至发生汽化，当齿封容积与吸入工作容腔相通时，由于其中的气泡存在而占据一定的齿谷空间，从而影响齿轮泵的正常吸油，并造成排出油液的压力和流量的不稳定。上述这些现象称为齿封现象。齿封现象对齿轮泵的工作是不利的，一般都从泵的结构上采取措施加以消除。通常是在泵端盖上开出卸荷槽，如图 3-4 所示。一边的槽在齿封容积变小时使齿封容积与排出工作容腔相通，将封闭的液体排出到排出空间去。另一边的槽则在齿封容积变大时使之与吸入工作容腔接通，从吸入空间引进液体补充，这样就消除了齿封的不良影响。这种卸荷槽的结构简单，加工容易，使用较多。对于小型齿轮泵，因为各间隙相对较大一些，而且齿封容积较小，故一般没有专门的卸荷措施。

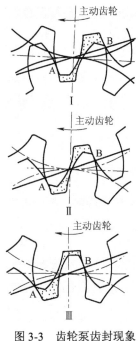

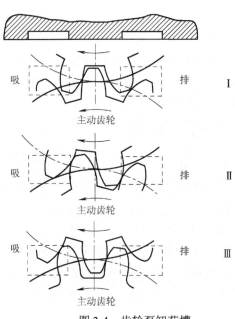

图 3-3　齿轮泵齿封现象　　　　　　图 3-4　齿轮泵卸荷槽

3.1.3　齿轮泵的类型

齿轮泵的类型很多。图 3-5 所示的齿轮泵是外啮合直齿轮泵，是应用得最普遍的一种齿轮泵。此外，大型齿轮泵多使用斜齿轮，但是斜齿轮在工作中存在着较大的轴向力，因此实际使用的还有两对斜齿轮组成的人字型斜齿轮泵。

齿轮泵的其他型式介绍如下。

1. 可逆转的齿轮泵

这种齿轮泵在不同转向下都可从同一吸排管路中吸排液体，对于外啮合齿轮泵来说，一般是在泵的吸排口处加装单向止回阀来满足不同转向下吸排液体的要求，如图 3-5 所示。泵内装有片式弹簧止回阀 1、2、3 和 4，当齿轮泵按图中箭头所指方向转动时，由于左边的齿间空间增大使内部压力降低，则阀 2 自动打开，泵从下端的吸入管吸油。此时，右边的阀 4 是相应的排出阀，靠泵所建立的油压将该阀打开，油液就从上端的排出管排出。在阀 2 和 4 打开时，另一组阀 1 和 3 则在油压及弹簧作用下自动处于关闭状态。当泵的转向改变时，另一组阀 1 和 3 自动打开，而阀 2 和 4 自动关闭，则泵仍然是从下端的吸入管吸油，而从上端的排出管排油。

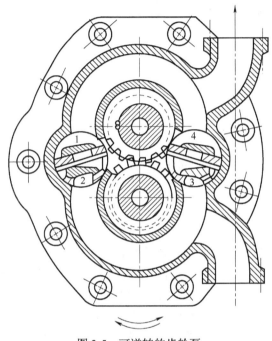

图 3-5　可逆转的齿轮泵

1，4—排出阀；2，3—吸入阀

2. 内齿轮泵

内啮合齿轮泵的工作原理和外啮合齿轮泵相似，但它是由一个大的内齿轮和一个小的外齿轮组成的，图 3-6 所示为一个小型可逆转的内齿轮泵。一般情况下，内齿轮 3 是主动齿轮，带着外齿轮 1 转动。为了把吸入工作容腔和排出工作容腔隔开，两齿轮中间装有月牙形隔板 2，并在泵体和内齿轮之间装有密封块。当齿轮转动时，就因齿牙的进入啮合和分离形成吸入工作容腔和排出工作容腔的容积变化，进行吸排油工作。

在内啮合齿轮泵的转向改变时，只要相应地使月牙板和外齿轮的位置转动 180°，就可使泵的吸排油方向保持不变。该泵在月牙形隔板 2 和外齿轮的底板上装有销钉，在泵盖的相应位置上开有半圆槽，销钉插在半圆槽中，使月牙形隔板可转动到相互差 180° 的两个位置而停下来。因此，当泵轴的转向改变时，依靠齿轮转动的摩擦力矩，可使月牙形隔板转动 180°。当月牙形隔板分别位于两个相差 180° 的位置时，虽然齿轮转向改变了，但泵的吸入和排出腔位置将保持不变。该泵还有钢球和小弹簧把月牙形隔板的底板顶靠在齿轮端面上，因而这种齿轮泵常用在可以逆转的机械上。

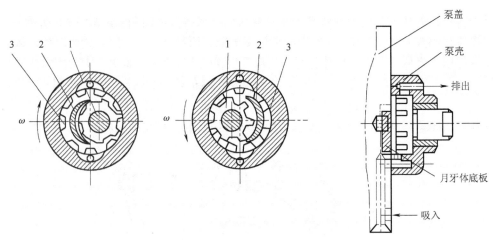

图 3-6　可逆转的内齿轮泵

1—外齿轮；2—月牙形隔板；3—内齿轮

与外齿轮泵相比较，内啮合齿轮泵的结构紧凑，在相同流量下的外形尺寸较小，但制造复杂。内啮合齿轮泵齿轮的齿数一般较少，通常都是采用摆线等特殊齿形。

3．转子泵

转子泵是具有特殊齿形的一种内啮合齿轮泵。它的基本部件是一副内外齿形的转子，两个转子偏心地安装在泵壳内。一般情况下，内转子是主动的，偏心地带动外转子旋转，如图 3-7 所示。由于内转子比外转子少一个齿，因此它们每转一转，外转子就落后一个齿的转角。加上特殊的齿牙外形轮廓，因而两转子齿牙间所形成的密封容积就周期性地发生变大和缩小，从而可按容变工作原理进行吸排油工作。吸入口和排出口是装在泵壳上的，布置在相差 180° 的位置转子泵的结构简单，尺寸紧凑。内、外转子的齿形有的是摆线；也有的外转子是摆线齿廓，内转子是圆弧形的。转子泵的齿形要求精度高，可以用粉末冶金制造。转子泵的转速一般为 1 500～2 000 r/min，高的可达 5 000 r/min。

3.1.4　高压齿轮泵

齿轮泵由于结构简单，成本低和工作可靠性高，因此在液压系统中得到了广泛应用。但由于齿轮泵内泄漏严重，其工作压力受到限制，一般在液压系统中用作补油泵。当液压传动中齿轮泵用于中高压场合时，其结构上应采取一定的措施，通过减少泵内部的泄漏量，提高容积效率，从而提高其工作压力。

1．齿轮泵的间隙补偿

常用的高压齿轮泵减少泄漏的措施有两种：侧面间隙液压补偿和径向间隙液压补偿。常用的侧面间隙液压补偿的方法有两种：一是在齿轮端部加装侧板，如图 3-8 所示；二是在齿轮端部加装浮动轴套，如图 3-9 所示。

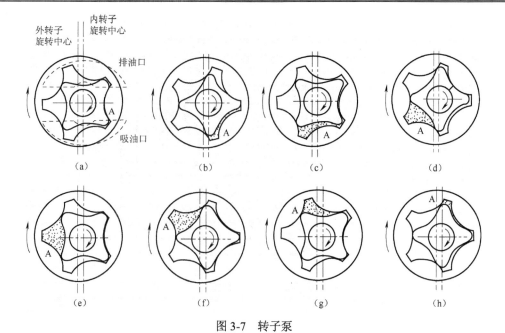

图 3-7　转子泵

（a）A 腔开始吸油；（b）A 腔吸油；（c）A 腔继续吸油；（d）A 腔吸满油；（e）A 腔吸油完毕开始排油；

（f）A 腔排油；（g）A 腔继续排油；（h）A 腔排油完毕开始吸油

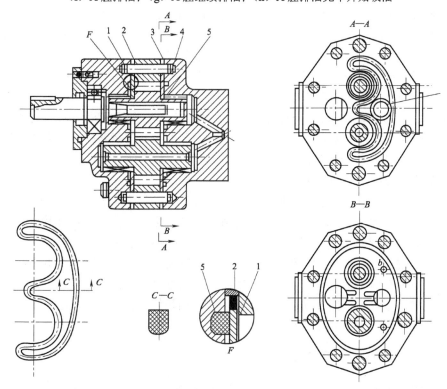

图 3-8　侧板补偿侧向间隙的齿轮泵

1—前侧板；2—前垫板；3—后垫板；4—后侧板；5—弓形密封圈；6—O 型密封圈

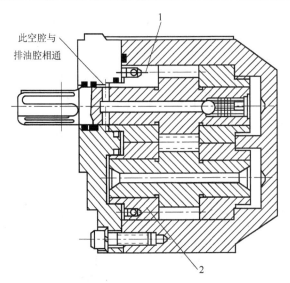

图 3-9　浮动轴套补偿侧向间隙的高压齿轮泵

1，2—浮动轴套

由图 3-8 可见，在齿轮端面和前后盖板间夹有前、后侧板 1 和 4，在侧板内侧面烧结有 0.5～0.7mm 厚的磷青铜，以增强侧板端面的耐磨性能。侧板的外侧与盖板槽内嵌着的弓形密封圈 5 相接触。密封圈的位置正好对着齿轮侧端面的高压区。侧板的厚度比其外圈的垫板 2 和 3 的厚度约小 0.2mm，因而在弓形密封圈内，侧板和盖板之间形成一个密封空间，在此空间中还有一个 O 型密封圈 6，使之与泵的压油通道 a 隔开。在前后侧板上各有两个小孔 b 与齿轮压力过渡区相通，因此，在弓形密封空间内充满了一定压力的油液，在此油压力作用下，前后侧板变形而紧贴在齿轮端面上，使侧板与齿轮端面之间仅有一层油膜的厚度。当间隙因磨损增大后，侧板可以自动补偿轴向间隙。弓形密封圈内的压力油加在侧板上的压紧力大于泵的压油区加在侧板另一面的作用力。弓形密封圈内的压紧力的大小是由弓形密封圈内的压力决定的。因为齿轮端面压力过渡区中从吸油区到压油区的压力是逐渐增大的，所以，只要适当选择侧板上小孔 b 的位置，就可以使压紧力的大小适当。

由图 3-9 可见，浮动轴套 1 和 2 在轴向是可以移动的，从泵的排出空间引来压力油对浮动轴套产生一个轴向压紧力，使浮动轴套紧紧地贴合在齿轮端面上，达到减少泄漏的目的。而且，随着齿轮和浮动轴套接触面的磨损，侧面间隙还可自动补偿而消失。

由于通过齿轮泵的侧面间隙的泄漏较为严重，所以高压齿轮泵一般都有侧面间隙补偿。而径向间隙的液压补偿在要求比较严格的高压齿轮泵上才使用。它是在泵排出口处装一径向浮动衬套，用排出的高压油使径向浮动衬套的圆弧面被压向齿轮顶圆，并使之贴紧在一起，从而减少高压油经径向间隙向吸入口的泄漏。

2. 齿轮泵的径向力与平衡方法

齿轮泵工作时泵内压力的分布情况是沿齿轮外圆圆周各处，且所受的压力是不相等的，如图 3-10 所示。压力从吸入口到排出口是逐渐升高的，因此，在齿轮的轴承上必然作用有径向力，从而加重了轴承的负荷。显然，轴承上作用的这种径向力是随齿轮泵的排出压力增高而增大的，所以，有些齿轮泵还采取了径向力平衡措施，来减少轴承的负荷。径向力平衡的方法是把齿轮圆周的不同压力部分用油道和吸油、排油空间适当沟通，来达到齿轮圆周上的油压平衡，如图 3-11 所示。

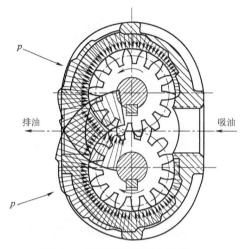
图 3-10　齿轮泵径向压力分布

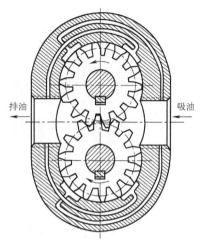
图 3-11　齿轮泵径向力平衡

3.2　螺　杆　泵

螺杆泵也是一种回转式容积式泵，它利用啮合传动的螺杆输送液体。根据起作用的螺杆数的不同，螺杆泵有双螺杆泵、三螺杆泵和五螺杆泵之分。根据螺杆横断面齿廓线之不同，螺杆泵可分为摆线式、渐开线式和摆线与渐开线相结合的螺杆泵。在舰船上应用最广的是摆线式三螺杆泵和五螺杆滑油泵。下面即以摆线式三螺杆泵为例，介绍螺杆泵的工作原理和性能特点。

3.2.1　螺杆泵的基本结构和工作原理

摆线式三螺杆泵的基本结构如图 3-12 所示，它主要是由泵体和三个螺杆组成的。泵体 3、端盖 1 和衬套 2 是固定部分，泵体和衬套之间构成吸排流道。衬套中装有三根螺杆，中间螺杆 5 是主动螺杆，由原动机带动，两边的副螺杆 4 是从动螺杆。三根螺杆都是双头螺纹的螺杆，其横剖面图如图 3-13 所示。主副螺杆的齿顶和齿根都是圆弧，主螺杆螺牙的侧面轮廓线和副螺杆螺谷的侧面轮廓线都是摆线，因此称为摆线式三螺杆泵。

螺杆泵也是按容变式原理工作的。当主动螺杆旋转时，各螺杆下端螺纹凹槽空间（称螺谷空间）容积便沿轴向向上增大，此容积内压力降低，油液便经吸入口流入螺谷空间，这是吸入过程。螺杆转过一定角度后，此螺谷空间内的液体便与吸入室隔开，并沿轴向向排出室移动，此时螺谷空间容积不变，称传送过程。螺杆再转过一定角度后，此螺谷空间与排出室相通，螺杆旋转时螺谷空间容积逐渐变小，油液在螺杆的挤压下排入排出管，称排出过程。螺杆旋转一转，液体前进一个升距。

从图 3-13 所示的螺杆横剖面图中就可看出：从每个横剖面上看，螺杆间的平面啮合情况是两对相互啮合着的各有两个齿的薄齿轮。齿轮啮合必须满足啮合定律：主动齿轮的齿顶圆、齿根圆与从动齿轮的齿根圆、齿顶圆相啮合；主动齿轮齿顶圆上的一点与从动齿轮齿廓线相啮合；主动齿轮的齿廓线与从动齿轮齿顶圆上的一点相啮合。将三个薄齿轮沿轴向做螺旋运动，就会形成三根螺杆。薄齿轮间的啮合就变成为空间啮合接触线，如图 3-14 所示。

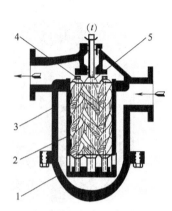

图 3-12　摆线式三螺杆泵的基本结构

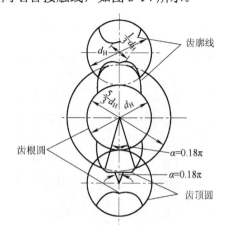

图 3-13　摆线式三螺杆泵横剖面图

1—端盖；2—衬套；3—泵体；4—副螺杆；5—中间螺杆

主动螺杆上的折线 1～20 与从动螺杆上的折线 1′～20′就表示其空间接触情况，从图 3-14 中可以看出：主动和从动螺杆间沿接触线相互接触，没有间隙，使接触线一侧空间内的液体不能通过接触线漏到另一侧空间去。

当三根啮合着的螺杆位于衬套内时，主动、从动螺杆的某些螺谷空间是互相沟通的，例如图 3-15 中的 A、B、C 和 D 空间就是相互沟通的。为使泵吸、排口能被螺杆隔开，上述互相沟通的螺谷空间应能自行形成一个封闭的回环容积。

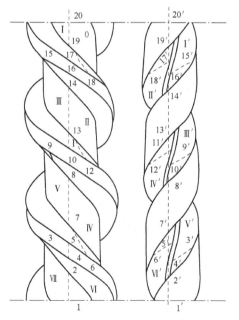

图 3-14　摆线三螺杆的啮合接触线

图 3-15　摆线三螺杆封闭的液流回环

由图 3-15 可以看出，当三根螺杆的主动、从动螺杆都是双头螺杆，且主动螺杆为凸螺杆时，相互沟通的螺谷空间能形成一个封闭的回环容积 A—C—D—B—A。此封闭的回环容积随着螺杆的旋转向排出室方向移动，此封闭回环的容积在传送过程中保持不变。

由于螺杆泵是按容变原理工作的，泵的吸排空间之间要求密封隔离。这种摆线式三螺杆泵是靠封闭的液流回环实现泵吸排空间之间的密封隔离的。为了减少泄漏，泵吸排空间之间必须有一个以上的封闭液流回环进行密封隔离。因此，达到密封隔离的条件有以下几点。

（1）靠螺牙的特定齿廓形状，使主副螺杆螺牙和螺谷的啮合接触形成贯穿于整个螺杆长度连续的啮合接触线；加上特定的螺杆数目和螺牙头数（一个主螺杆和两个副螺杆都是双头螺纹），如此，使各个沟通的螺谷空间分别形成互相隔离的封闭液流回环。

（2）螺杆和衬套的长度要大于一个封闭液流回环的轴向长度。

（3）螺杆外表面和衬套内表面之间的间隙要尽可能小。

通常把保证密封接触线一侧的液体不能通过密封线漏到另一侧称为螺杆泵的第一类密封性；把螺杆之间相互沟通的螺谷空间能形成封闭回环称为第二类密封性；把衬套长度必须大于封闭回环沿衬套表面的最大长度称为第三类密封性；把衬套与螺杆表面之间应具有足够小的径向间隙称为第四类密封性。如果上述几类密封性破坏了，螺杆泵就不能正常工作。螺杆泵制成后，螺杆之间形成的封闭回环及螺杆与衬套的长度就一定，但当螺杆之间由于磨损而破坏了密封线，或螺杆与衬套之间的间隙增大过多，都会降低泵的容积效率。所以，螺杆泵的螺杆不仅要满足传动要求，而且要满足密封性的要求。它要求加工精度高，使用中还应防止变形和损伤。螺杆和衬套之间的间隙一般为 0.06～0.1mm，并且要在衬套内表面浇上合金材料以减少磨损。螺杆和衬套的长度总是大于一个液流回环的轴向长度，并且泵的额定工作压力越高，则螺杆与衬套就越长。这是因为螺杆和衬套越长，吸排空间之间的距离就越大，就可形成较多个液流回环进行密封隔离，从而更好地起到密封防漏作用。

液压系统中的螺杆泵由于排出压力要求很高而流量不大，所以，螺杆做得长而细，刚度较小。由此容易造成螺杆弯曲或螺杆中心线的不平行，这些也都会破坏螺杆泵的密封性，降低其容积效率。在管理与维修中，应严禁螺杆之间干摩擦或油液中含有机械杂质；否则，螺杆及衬套会迅速磨损；应防止螺杆弯曲（特别是从动螺杆），及时更换磨损了的螺杆、衬套及其他零件，以保证螺杆泵的正常工作。

3.2.2　螺杆泵的特性

1．一般性能特点

螺杆泵具有容积式泵的一般性能特点，其基本性能与齿轮泵相同。螺杆泵的流量也是由容积变化量决定的，其工作压力取决于排出管路系统的背压需要，理论上可以很高，由于有泄漏存在，所以压力受泄漏限制，是由泵内部的密封情况决定的。上述螺杆泵的密封性是很好的，所以，这种螺杆泵的工作压力也可以较高。

螺杆泵的特性曲线和齿轮泵相似，如图 3-2 所示。它也不允许封闭工作和封闭启动，并且排出口必须有安全溢流阀。

螺杆泵也是具有干吸能力的，但不允许干转，要求随时保证润滑以防磨损加剧；为了防止

干转发生，螺杆泵的排出口设计要求保证泵停车后仍能存留一些油液，使下次启动时有油液
润滑。

2. 流量

螺杆泵的理论流量可由下式计算：

$$Q_t = 60Ftn \qquad (\text{m}^3/\text{h}) \tag{3-5}$$

式中：F 为衬套的有效截面积，m；t 为螺杆螺纹的导程，m；n 为主动螺杆的转速，r/min。

衬套的有效截面积 F 的大小随螺杆的几何形状而异。对于摆线三螺杆泵，其有效截面积 F
和导程 t 分别为

$$F = 1.243\,07d_H^2 \qquad (\text{m}^2) \tag{3-6}$$

$$t = \frac{10}{3}d_H \qquad (\text{m}) \tag{3-7}$$

式中：d_H 为主动螺杆的齿根圆和从动螺杆齿顶圆的直径，m。

摆线式三螺杆泵的理论流量就可按下式计算

$$Q_t = 248.614d_H^3 n \qquad (\text{m}^3/\text{h}) \tag{3-8}$$

螺杆泵的实际流量取决于螺杆的尺寸、转速和泄漏情况。而泄漏量与液体黏度、工作压力、
泵的转速及加工精度、磨损程度等因素有关，在使用中必须很好地保持螺杆泵的密封性，要求
螺杆和衬套的表面完好，按规定的间隙安装，一定要随时保证润滑，谨防干转。

螺杆泵的内部泄漏量 Q_s 可表示为

$$Q_s = \alpha \frac{p}{\mu^m} \tag{3-9}$$

式中：p 为泵的工作压力；μ 为所排送液体的黏度；α 是与螺杆直径和有效长度有关的系数；
m 一般取 0.3～0.5。

从式（3-9）可以看出，内部泄漏量与压力成正比，与黏度的 m 次方成反比。另外，螺杆
的直径越大、有效长度越长，则系数 α 越小，内部泄漏量也越少。一般高压螺杆泵都采用使
螺杆有效长度增长的办法来减少内部泄漏，但过长的螺杆又会增大摩擦损失，导致机械效率下
降，故螺杆的长度也要适当。

螺杆泵的转速对泄漏量的影响不大，但转速提高后，泵的理论流量相应增大，容积效率也
将相应提高。例如，某泵在 1 500r/min 时，容积效率为 80%；而在 3 000r/min 时，则增大为
95%。然而，转速也不能过高，否则，就会因螺杆的圆周速度变大，增加摩擦损失，导致发热，
甚至可能产生气穴现象。

还应指出，当液体中含有空气和其他不溶性气体时，由于螺杆泵密封腔内是含有气泡的液
体，随着螺杆的回转，密封腔承受排出压力时，含气泡液体的体积就会减少，使泵的实际流量
降低，并会产生强烈的压力脉动和噪声。在吸入压力较低时，振动与噪声尤为严重，因此，应
尽量减少油液中空气的含量。

3. 轴向力平衡

螺杆泵由于吸入和排出空间的压差作用，在螺杆上会形成轴向力，这将造成机械磨损甚至

影响泵的可靠工作，所以，螺杆泵都从结构上采取了平衡措施。图 3-16 所示的摆线式三螺杆泵中，在三个螺杆的下端装有盖板 10，主螺杆中心钻有通孔，排出空间的压力油可以经通孔流到盖板上的油道中，并经两个副螺杆下端推力垫块 11 上的油孔向上流，这样就在两个副螺杆以及主螺杆的下端面形成方向向上的液压平衡力。由于主螺杆的断面尺寸大，所以产生的轴向力也较大，为此，主螺杆的上头还有平衡活塞 2，因平衡活塞的下端面受到排出油的高压作用，从而产生平衡力。平衡活塞背面装有回油孔（图中未示出），随时导出泄漏的油液，以保持平衡活塞的平衡力稳定。推力垫圈 1 和 7 用于补充液压平衡的不足。副螺杆下端的推力垫块11 也可起到这种平衡补充作用。

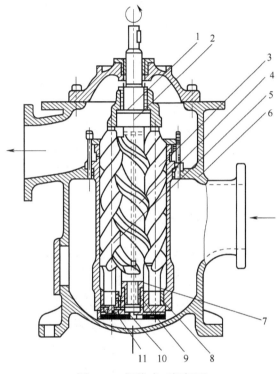

图 3-16　摆线式三螺杆泵

1，7—推力垫圈；2—平衡活塞；3，5—从动螺杆；4—主动螺杆；6—泵壳；
8—轴承；9—轴套；10—盖板；11—推力垫块

螺杆泵的主螺杆上下两端都有轴承支持运转，而两个副螺杆只在下端装有轴套 8，上端没有轴承支持。这是由螺杆泵的断面形状所决定的，螺杆泵产生的油压将产生液压转矩，推动副螺杆转动，从而减小了主螺杆传给副螺杆的机械转矩，因此，副螺杆依靠下轴套以及衬套的支持就够了。

3.3　叶　片　泵

叶片泵也是一种回转式容积式泵，根据工作原理可分为单作用和双作用两类。

3.3.1 单作用叶片泵

1. 单作用叶片泵的结构和工作原理

单作用叶片泵工作原理如图 3-17 所示，其主要是由配油盘 1、传动轴 2、转子 3、定子 4、叶片 5 和壳体等组成的。

定子内表面为圆柱形，转子上有均匀分布的径向狭槽，矩形叶片安装在槽内，并可在槽内滑动。转子 3 与定子 4 的圆心偏心距记为 e。在定子和转子的两个端面装有配油盘，盘上开有吸油窗口和排油窗口，分别与泵壳上的进、出油口相通。转子旋转时，叶片靠离心力及叶片槽底的压力油的作用，紧贴在定子内壁上。这样，两相邻的叶片与定子内表面、转子外表面及两端配油盘之间构成若干个密封的工作容积。当转子按图示方向旋转时，右边的叶片逐渐伸出，相邻的两叶片之间的容积逐渐增大，形成局部真空，液体在大气压作用下经配油盘的吸油窗口进入密封工作容积，这就是吸油过程。左边的叶片被定子的内表面逐渐压进槽内，相邻的两叶片之间的密封容积逐渐减小，将液体经配油盘的排油窗口排出，这就是排油过程。在吸油区与排油区之间，各有一段封油区把它们隔开。这种泵的转子每转一周，每个密封工作容积吸、排油各一次，故称为单作用叶片泵。这种泵由于受到排油腔单向作用的压力，使轴承上所受载荷较大，所以，一般不宜用作高压泵。但它的优点是可作为变量泵使用。

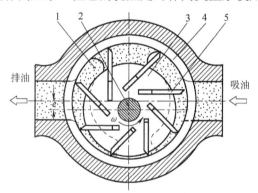

图 3-17　单作用叶片泵工作原理

1—配油盘；2—传动轴；3—转子；4—定子；5—叶片

2. 单作用叶片泵的流量

单作用叶片泵的理论排量可近似为

$$q = \pi \left[(R+e)^2 - (R-e)^2 \right] B = 4\pi RBe \tag{3-10}$$

式中：R 为定子半径；B 为转子宽度；e 为偏心距。

单作用叶片泵的理论流量近似为

$$Q_t = qn = 4\pi RBen \tag{3-11}$$

式中：n 为叶片泵的转速。

单作用叶片泵的实际流量为

$$Q = 4\pi RBen\eta_v \tag{3-12}$$

式中：η_v 为叶片泵的容积效率。

从流量公式可知，改变单作用叶片泵的偏心距 e，便可使其排量和流量改变，因此，单作用叶片泵常用作变量泵。

3.3.2　双作用叶片泵

1. 双作用叶片泵的结构和工作原理

双作用叶片泵工作原理如图 3-18 所示，其也是由叶片 1、定子 2、转子 3、配油盘和泵体等组成的。

定子的前后端面有配油盘，转子 3 带着叶片 1 在配油盘及定子内壁构成的容腔内旋转。定子和转子是同心的，定子的内表面是由两段半径为 R 的长径圆弧面、两段半径为 r 的短径圆弧面，以及连接长短径圆弧面的四段过渡曲面构成。当转子沿图示箭头方向旋转时，叶片在离心力和叶片根部油压的作用下向外伸出，并以一定的力量压在定子内表面上滑动运动。因此，每相邻两叶片之间就构成了一个可变的密封容积。相邻两叶片从定子短径 r 处经过渡曲面向长径 R 处滑动运动时，叶片向外伸出，所构成的密封容积逐渐增大，油液从配油盘的吸油窗口 a 进入并充满容积的整个空腔，这便是叶片泵的吸油过程。随着转子的转动，叶片从定子的长径 R 处经过渡曲面向短径 r 处滑动运动时，叶片受定子内壁的压迫而缩进叶片槽内，所构成的密封容积逐渐缩小，其中的油液受到挤压，压力升高，并从配油盘的排油窗口 b 排出泵外，这便是叶片泵的排油过程。转子不断旋转，叶片泵的吸排油连续不断地进行着。

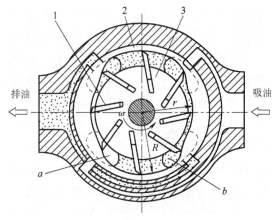

图 3-18　双作用叶片泵工作原理

1—叶片；2—定子；3—转子

a—吸油窗口；b—排油窗口

这种叶片泵的转子每转一周，每相邻两叶片之间的密封容积完成两次吸油、排油过程，因此称这种泵为双作用叶片泵。这种泵有两个吸油区和两个排油区，是对称布置的，所以，作用在转子上的油压作用力是相互平衡的，它能作为高压定量泵使用。

叶片泵的定子内表面曲线可以是圆弧面加过渡曲面组成的，常用的定子内表面曲线还有阿基米德螺线、等加速曲线、正弦曲线和余弦曲线等。定子内曲面的设计原则是：保证叶片做径向运动时，叶片顶部与定子内表面不发生脱空；保证叶片在狭槽中径向运动时速度和加速度的变化均匀；保证叶片对定子内表面的冲击尽可能小。

2. 双作用叶片泵的流量

双作用叶片泵的流量计算与单作用叶片泵相似。其理论排量为

$$q = 2\pi B\left(R^2 - r^2\right) - \frac{2(R-r)}{\cos\theta}\delta ZB \qquad (3\text{-}13)$$

式中：B 为转子的宽度；R 为定子内曲面的长径圆弧面半径；r 为定子内曲面的短径圆弧半径；δ 为叶片的厚度；Z 为叶片数；θ 为叶片相对于径向的倾角，一般取 $\theta = 10° \sim 14°$，叶片向前倾斜一定角度是为了减小叶片作用于定子内表面的压力角，有利于叶片在叶片槽内运动，防止出现摩擦力过大和叶片磨损不均匀，防止叶片卡住和折断。

双作用叶片泵的实际流量为

$$Q = qn\eta_v \qquad (3\text{-}14)$$

式中：n 为转子的转速；η_v 为叶片泵的容积效率，一般取 $\eta_v = 0.80 \sim 0.95$。

为了使叶片泵可靠地吸油，其转速必须在 $500 \sim 1\,500$ r/min 范围内。否则，转速太低时，叶片不能紧压定子的内表面，因而不能正常吸油；转速过高时，容易造成叶片泵的"吸空"和气穴现象。

3.3.3　限压式叶片泵

限压式变量叶片泵是单作用泵，改变定子和转子间的偏心距就可以改变输出流量，限压式叶片泵能根据泵的排出压力自动调节定子和转子间的偏心距以改变流量，如图 3-19 所示。当排出压力低于调定压力时，由于柱塞缸内油压低，定子在弹簧作用下处于最低位置，此时偏心距最大，泵的输出流量也最大；当输出压力高于设定值时，随着排出压力的升高，柱塞缸内油压升高，通过柱塞推动定子移动，偏心距减小，泵输出流量减小。

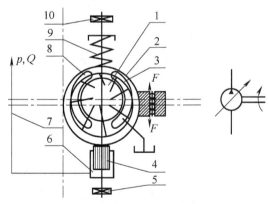

图 3-19　限压式叶片泵

1—转子；2—定子；3—吸油窗口；4—柱塞；5—螺钉；6—柱塞缸；7—油道；
8—压油窗口；9—弹簧；10—调压螺钉

图 3-19 中，螺钉 5 用于调整初始偏心距，调压螺钉 10 用于调整弹簧的预压缩量，当泵的

排出压力作用在柱塞面积上产生的液压力小于弹簧弹力时，定子通过柱塞靠紧螺钉 5，对应最大输出流量；随着排压升高，当排出压力作用在柱塞面积上的力大于弹簧弹力时，定子向偏心距减小的方向移动，排出流量开始减小，定子开始移动时对应的压力称为泵的限定压力，即处于最大输出流量时的最高压力，其值由调压螺钉 10 决定。

由式（3-11）可知，理论流量与偏心距成正比，因此，当泵的排出压力超过限定压力值时，泵的输出流量线性减小。限压泵的 p-Q 特性曲线如图 3-20 所示。

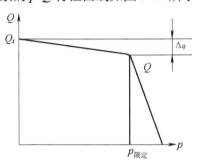

图 3-20　限压泵的 p-Q 特性曲线

3.4　轴向柱塞泵

柱塞泵是靠柱塞在缸体中做往复运动造成密封容积的变化来实现吸油与压油的液压泵，与齿轮泵和叶片泵相比，这种泵有许多优点。首先，构成密封容积的零件为圆柱形的柱塞和缸孔，加工方便，可得到较高的配合精度，密封性能好，在高压工作时仍有较高的容积效率；其次，只需改变柱塞的工作行程就能改变流量，易于实现变量；最后，柱塞泵中的主要零件均受压应力作用，材料强度性能可得到充分利用。由于柱塞泵压力高，结构紧凑，效率高，流量调节方便，故在需要高压、大流量、大功率的系统中和流量需要调节的场合，如工程机械、矿山、冶金机械行业得到了广泛的应用。柱塞泵按柱塞的排列和运动方向不同，可分为径向柱塞泵和轴向柱塞泵两大类。其中，径向柱塞泵的柱塞在缸体中是沿径向均匀分布的，轴向柱塞泵的柱塞在缸体中是沿周向均匀分布的。

3.4.1　轴向柱塞泵的工作原理

1. 轴向柱塞泵的基本结构及工作原理

图 3-21 所示为斜盘式轴向柱塞泵的工作原理图。在泵轴 1 上用键固定着缸体 2，缸体内轴向地布置着一圈油缸（一般为 7 个或 9 个）。各油缸中都有一个柱塞 3，柱塞 3 以其球形端头与滑靴 4 相铰接。滑靴则紧贴在斜盘 9 的平面上。由于该泵柱塞的中心线与传动轴中心线平行，所以称为轴向柱塞泵。

当原动机经泵轴 1 带动缸体 2 转动时，油缸、柱塞和滑靴是一起转动的，而斜盘 9 不动，因此，滑靴是紧贴着斜盘的平面运动的。当斜盘倾斜时，即斜盘与泵轴中心线的垂直平面成一倾斜角 β 时，柱塞随油缸一起旋转的同时，还将在油缸中做往复运动。从图上看，柱塞从下部位置向上部位置运动时，在滑靴和斜盘的控制下，柱塞就从油缸中逐渐拨出，油缸容积变大而吸油；相反，当柱塞由上部向下部位置运动时，斜盘把柱塞压进油缸而排油。因此，对每一对油缸和柱塞来说，就是一个按容变原理工作的往复泵，而整个柱塞泵的工作则是 7 个或 9 个往复泵并联工作的结果。

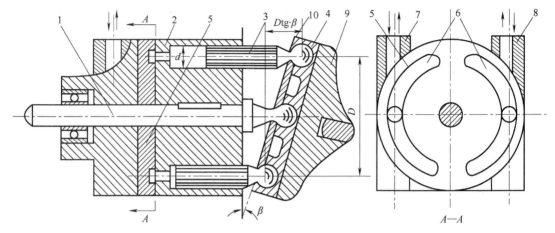

图 3-21　斜盘式轴向柱塞泵的工作原理图

1—泵轴；2—缸体；3—柱塞；4—滑靴；5—配油盘；6—油槽；7—吸/排油口；
8—排/吸油口；9—斜盘；10—回程盘

油缸内的吸排油路是由配油盘 5 来保证的。配油盘是固定不动的，上面开有两条半圆形的油槽 6。右边的油槽通油管 8，左边的油槽通油管 7。当油缸按 A-A 方向做顺时针方向转动时，左边的半圆形油槽与向上转的容积变大的油缸相通，油液即从油管 7 经油槽 6 进入油缸；而右边半圆形油槽则对准向下转的容积变小的油缸，于是油缸排出的油便经右边油槽 6 和油管 8 排出。

缸体每转一转，每个柱塞都往复运动一次，即完成一次吸油和排油的过程。当缸体在电动机带动下连续转动时，就可不断地输出压力油。

显然，斜盘倾角 β 越大，柱塞泵在油缸中的相对位移就越大，泵的排量也就越大。如果原动机转向不变而改变斜盘的倾斜方向，则原来的排油过程就变为吸油过程，原来的吸油过程则变为排油过程，油液在管路中的流动方向也就改变了，即从油口 8 吸油，而经油口 7 排油。所以，只要控制斜盘的倾斜方向和倾斜角度大小，就可改变轴向柱塞泵的吸排油方向和排量的大小，这种泵叫双向变量轴向柱塞泵。如果轴向柱塞泵斜盘的倾斜方向一定，而角度是可变的，这样的泵叫单向变量轴向柱塞泵。如果轴向柱塞泵斜盘的倾斜角是固定的，则泵的排量大小和输油方向也就不能改变（当电动机的转向一定时），这样的泵叫单向定量轴向柱塞泵。

2. 轴向柱塞泵的排量和流量

若轴向柱塞泵斜盘的倾斜角为 β，柱塞在缸体上的分布圆直径为 $D = 2R$，柱塞直径为 d，柱塞数为 Z，则柱塞泵的每转排量 q 为

$$q = \frac{\pi}{4} d^2 DZ \mathrm{tg}\beta \qquad (3\text{-}15)$$

若轴向柱塞泵的结构参数 Z、D、d 一定时，泵的排量 q 与 $\mathrm{tg}\beta$ 成正比，所以，改变斜盘倾角 β 的大小，就可以调节泵排量的大小；若改变 β 的方向，则泵的吸油和排油方向也随之改变。

若柱塞泵的转速为 n，容积效率为 η_v，则泵的平均流量为

$$Q = \frac{\pi}{4} d^2 DZ\mathrm{tg}\beta n\eta_v \qquad (3\text{-}16)$$

实际上轴向柱塞泵的瞬时排量和流量是脉动的。由图 3-22 可见，当柱塞随缸体转过 φ 角时，柱塞相对于缸体的轴向位移 x 为

$$x = R\mathrm{tg}\beta(1 - \cos\varphi) \qquad (3\text{-}17)$$

式中：R 为柱塞在缸体上的分布圆半径。

对式（3-17）微分求得柱塞相对于缸体的轴向运动速度 v 为

$$v = \frac{\mathrm{d}x}{\mathrm{d}t} = \frac{\mathrm{d}x}{\mathrm{d}\varphi}\frac{\mathrm{d}\varphi}{\mathrm{d}t} = R\omega\mathrm{tg}\beta\sin\varphi \qquad (3\text{-}18)$$

式中：$\omega = 2\pi n$ 为缸体的回转角速度。

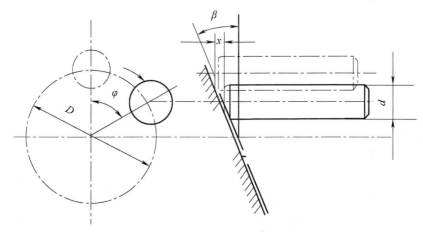

图 3-22　轴向柱塞泵瞬时流量计算图

那么，单个柱塞的流量 Q_1 为

$$Q_1 = \frac{\pi}{4} d^2 v = \frac{\pi}{4} d^2 R\omega\mathrm{tg}\beta\sin\varphi \qquad (3\text{-}19)$$

由式（3-19）可知，任一柱塞瞬时流量都是随缸体转角 φ 而变的，所以柱塞泵的瞬时流量则是所有处在压油区的柱塞的瞬时流量之和。当泵的柱塞数为 Z 时，柱塞之间形成的夹角为 $\alpha = 2\pi/Z$。若处于压油区的柱塞数为 Z_0，则各个处于压油区的柱塞的瞬时流量 Q_i 分别为

$$Q_i = \frac{\pi}{4} d^2 R\omega\mathrm{tg}\beta\sin[\varphi + (i-1)\alpha],\ \ i = 1,\cdots,Z_0 \qquad (3\text{-}20)$$

泵的瞬时流量 Q_m 则是各排油柱塞的瞬时流量之和，即

$$Q_m = \sum_{i=1}^{Z_0} Q_i = \frac{\pi}{4} d^2 R\omega\mathrm{tg}\beta\frac{\sin\dfrac{Z_0\alpha}{2}\sin\left(\varphi + \dfrac{Z_0\alpha}{2} - \dfrac{\alpha}{2}\right)}{\sin\dfrac{\alpha}{2}} \qquad (3\text{-}21)$$

（1）当 Z 为偶数时，$Z_0 = Z/2$，$Z_0 \alpha/2 = \pi/2$，瞬时流量为

$$Q_m = \frac{\pi}{4} d^2 R\omega \mathrm{tg}\beta \frac{\cos\left(\varphi - \dfrac{\alpha}{2}\right)}{\sin(\alpha/2)} \tag{3-22}$$

（2）当 Z 为奇数时

$$Z_0 = \begin{cases} (Z+1)/2, & 0 \leqslant \varphi \leqslant \alpha/2 \\ (Z-1)/2, & \alpha/2 \leqslant \varphi \leqslant \alpha \end{cases} \tag{3-23}$$

对应的瞬时流量为

$$Q = \begin{cases} \dfrac{\pi}{4} d^2 R\omega \mathrm{tg}\beta \dfrac{\cos(\varphi - \alpha/4)}{2\sin(\alpha/4)}, & 0 \leqslant \varphi \leqslant \alpha/2 \\[2mm] \dfrac{\pi}{4} d^2 R\omega \mathrm{tg}\beta \dfrac{\cos(\varphi - 3\alpha/4)}{2\sin(\alpha/4)}, & \alpha/2 \leqslant \varphi \leqslant \alpha \end{cases} \tag{3-24}$$

定义流量脉动系数 σ_0 为最大流量和最小流量之差与最大流量之比，即

$$\sigma_0 = \frac{Q_{\max} - Q_{\min}}{Q_{\max}} \tag{3-25}$$

则有

$$\sigma_0 = \begin{cases} 2\sin^2[\pi/(2Z)], & Z = 2, 4, 6, \cdots \\ 2\sin^2[\pi/(4Z)], & Z = 1, 3, 5, \cdots \end{cases} \tag{3-26}$$

由此可知：

（1）柱塞泵的柱塞数 Z 越多，α 越小，流量脉动也越小。

（2）柱塞泵的柱塞数 Z 为奇数时的流量脉动远小于柱塞数为偶数时的流量脉动。例如，$Z = 7$ 的流量脉动系数为 $\sigma_0 = 2.5\%$；$Z = 8$ 的流量脉动系数 $\sigma_0 = 7.6\%$。因此，轴向柱塞泵的柱塞数一般取奇数，例如，$Z = 7$、9 或 11 等。

轴向柱塞泵的径向尺寸小，结构紧凑，转动惯量小，易于实现排量调节，容积效率较高，因此，得到了广泛应用。其不足之处是结构较复杂，并且对油液污染较敏感。

3.4.2　轴向柱塞泵的结构

CY14-1B 型泵是常用的国产轴向柱塞泵的系列产品，由泵主体和定量或变量机构两部分组成。其中，泵的主体部分是通用件，即同一流量规格的各种定量或变量泵的泵主体部分是相同的，可互换使用，不同之处是变量机构不同。图 3-23 所示为 CY14-1B 型泵的型号说明。

1．MCY14-1B 型定量轴向柱塞泵

MCY14-1B 型定量轴向柱塞泵的结构如图 3-24 所示。电动机通过键带动泵轴 1 转动。泵轴 1 则通过花键带动缸体 7 转动。缸体内有 7 个或 9 个轴向分布的柱塞孔，柱塞孔内有往复运动的柱塞 16。柱塞头部有滑靴 14。一般在工作时有压力油通过柱塞球头小孔在滑靴与斜盘之间保持静压油膜支承。缸体由滚柱轴承 12 支承在泵壳体上，泵轴 1 也由滚珠轴承 3 和滚柱 4 支承在泵壳体上。此外，在传动轴上安装有轴封 2，以防止泵壳体内的油液外漏。在缸体内，

传动轴的端部设置了弹簧 8，弹簧 8 的张力向左，通过内套筒 15 和钢球 10 加到回程盘 11 上，保证柱塞头部的滑靴 14 紧贴在斜盘 13 上；弹簧 8 的张力向右，通过带凸缘套筒 9 加到缸体 7 上，使缸体紧贴在配流盘 6 上，保证内部密封，防止高、低压油液串通。斜盘通过定位销固定在泵的端盖上。由于各运动副总是有一定的内泄漏，泄漏集中在泵壳内，同时，对各轴承进行润滑。为了防止泵壳内油液压力过高，也为了保证充分地冷却，在泵壳上设置了上、下两个漏油口。在液压系统中使用的轴向柱塞泵的漏油口有两种工作方式：一是堵塞下漏油口，上部漏油口接油箱，这是一种自然冷却泵的方式；二是下漏油口接强制冷却油液，上部漏油口接油箱，这是一种强制冷却泵的方式。

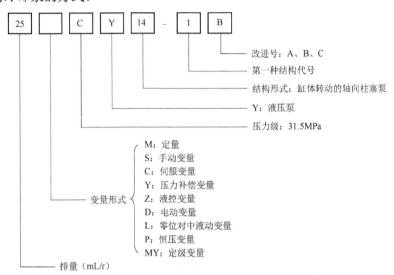

图 3-23　CY14-1B 型泵型号说明

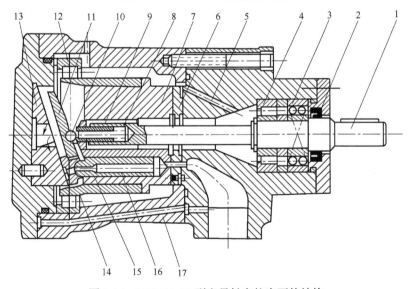

图 3-24　MCY14-1B 型定量轴向柱塞泵的结构

1—泵轴；2—轴封；3—滚珠轴承；4—滚柱轴承；5—通油孔；6—配流盘；7—缸体；8—弹簧；9—套筒；
10—钢球；11—回程盘；12—滚柱轴承；13—斜盘；14—滑靴；15—内套筒；16—柱塞；17—泵壳

该泵的斜盘是固定的，所以，柱塞泵的排量是不能改变的，它是一种定量轴向柱塞泵。当电动机带动缸体旋转时，7个或9个柱塞将按容变原理进行吸排油，从泵壳上的吸油口吸油，经配流盘进入柱塞油缸，提高压力后经配流盘排出，从泵壳上的排油口输送到目的处。该泵只能单方向吸排油。

2. SCY14-1B 型手动变量轴向柱塞泵

SCY14-1B 型手动变量轴向柱塞泵的结构如图 3-25 所示。其泵主体部分与 MCY14-1B 泵一样，不同之处在于斜盘和变量机构的部分。该泵是手动变量泵，变量机构包括变量活塞 4 和螺杆 5 等。当转动手轮使螺杆 5 转动时，变量活塞 4 便在壳体内上下移动，从而通过销轴带动斜盘旋转，其转角范围为 0°~22°30′。变量活塞上、下移动时，通过左边的销钉和拨叉带动刻度盘转动，机械指示泵输出流量的大小。

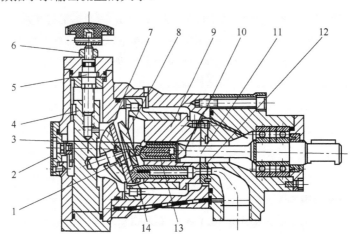

图 3-25　SCY14-1B 型手动变量轴向柱塞泵的结构

1—内套筒；2—排量指示刻度盘；3—外套筒；4—变量活塞；5—螺杆；6—锁紧螺母；
7—斜盘；8—压盘；9—缸体；10—柱塞；11—传动轴；12—配流盘；13—弹簧；14—滑靴

手动变量轴向柱塞泵的变量机构的结构如图 3-26 所示。斜盘两侧有两个耳轴，耳轴装在变量机构壳体上的两个半圆形轴承中。斜盘即以耳轴承为支承而绕着耳轴中心转动。变量活塞上穿有销轴，销轴与直槽之间可以有相对滑动。变量活塞上部截面积大，下部截面积小。

3. ZCY14-1B 型液控变量轴向柱塞泵

ZCY14-1B 型液控变量轴向柱塞泵的结构如图 3-27 所示。其泵主体与 MCY14-1B 泵一样，不同之处在于变量机构。该变量机构是由液压控制油来驱动变量伺服活塞上下移动的，从而改变斜盘倾角，改变泵流量的大小和吸、排油的方向。这种泵又称为双向液控式变量轴向柱塞泵。斜盘倾角的可调节范围是 −20°~20°。它一般要与电液伺服阀配合工作。

4. 斜轴式轴向柱塞泵

斜轴式轴向柱塞泵又叫倾斜缸式轴向柱塞泵，它与斜盘式轴向柱塞泵的最大区别是，主轴轴线与缸体中心线不在同一直线上，而是相交成一定角度 α，简称缸体倾角。

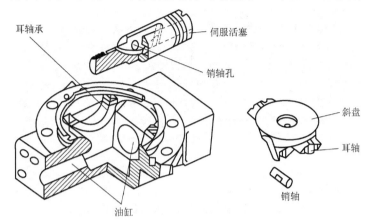

图 3-26　手动变量轴向柱塞泵的变量机构的结构

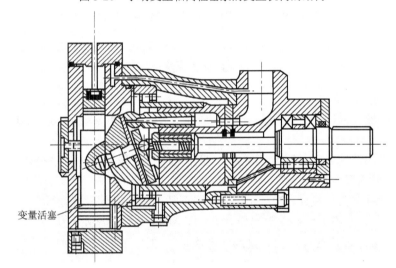

图 3-27　ZCY14-1B 型液控变量轴向柱塞泵的结构

图 3-28 所示为 A2F 型斜轴式轴向柱塞泵的典型机构。它主要由主轴 1、轴承组 2、连杆柱塞副 3、碟形弹簧 4、中心轴 5、缸体 6、壳体 7、配油盘 8 和后盖 9 等组成。柱塞均布在缸体的圆周上，连杆柱塞副是由连杆和柱塞两个零件经滚压而连在一起的，连杆的大球头与主轴的传动盘铰接，小球头与柱塞内的球窝铰接。中心轴支承在传动盘的球窝内和配油盘的中心孔内，起定心作用。缸体与配油盘采用球面配油使缸体在旋转时能有很好的自位性。碟形弹簧的主要作用是将缸体压向配油盘，以保证初始密封。传动轴支承在三个轴承上，当其转动时，带动缸体旋转，同时柱塞做往复运动，通过配油盘完成吸油和排油。

在其他尺寸确定后，泵的排量取决于缸体 α，若将缸体倾角设计成可调节的，就是变量泵。斜轴式轴向柱塞泵由于连杆与传动盘之间采用球铰链连接，没有斜盘式轴向柱塞泵滑靴这样的薄弱环节，所以具有耐冲击、寿命长、工作可靠、自吸能力强等优点。其缺点是流量调节机构比较复杂，外形尺寸和质量较大，柱塞连杆副和传动盘的加工较斜盘式难度要大。

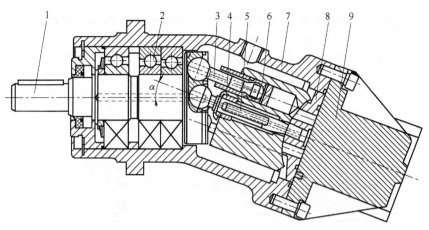

图 3-28 A2F 型斜轴式轴向柱塞泵的典型机构

1—主轴；2—轴承组；3—连杆柱塞副；4—碟形弹簧；5—中心轴；
6—缸体；7—壳体；8—配油盘；9—后盖

习　题

3-1　什么叫液压泵的排量、流量、理论流量、实际流量和额定流量？它们之间有什么关系？

3-2　什么是困油现象？外啮合齿轮泵、双作用叶片泵和轴向柱塞泵存在困油现象吗？它们是如何消除困油现象的影响的？

3-3　某轴向柱塞泵直径 $d = 22\text{mm}$，分度圆直径 $D = 68\,\text{mm}$，柱塞数 $Z = 7$，当斜盘倾角为 $\alpha = 22°30'$，转速 $n = 960\,\text{r/min}$，输出压力 $p = 10\text{MPa}$，容积效率 $\eta_v = 0.95$，机械效率 $\eta_m = 0.9$ 时，试求：（1）泵的理论流量；（2）泵的实际流量；（3）所需电机功率。

第4章　液压执行元件

液压执行元件包括液压缸与液压马达，它们的作用是将液压能转换成机械能。

液压缸的输入量是液体的流量和压力，输出量是直线速度和力，液压缸的活塞能完成直线往复运动，输出的直线位移是有限的。

液压马达也是液压执行元件，输入的是液体的流量和压力，输出的是转矩和角速度。它输出的角位移是无限的。

4.1　液　压　缸

在液压传动中，液压缸是将液压能转化为机械功，驱动负载实现直线往复运动或摆动的执行元件，简称为油缸。液压缸便于实现直线往复运动和输出较大的力，也便于实现摆动运动；并且其结构简单，工作可靠，因此，在舰船液压系统中得到了广泛应用。例如，舵机装置和减摇装置中都采用液压缸直接驱动工作机械。

油缸按作用方式可分为单作用油缸和双作用油缸。

所谓单作用油缸是指这种油缸只利用液压力推动活塞向一个方向运动，而反向运动则靠重力或弹簧力等实现。单作用油缸按结构不同又可分为柱塞式、活塞式和伸缩式三种，但做成柱塞式的较多。因为这种油缸的柱塞不需要与油缸筒内壁配合，只要求在导向部分配合，所以，油缸内壁的加工精度要求较低，这对于长行程的油缸是很有意义的。

所谓双作用油缸则是利用液压力推动活塞做正、反两个方向的运动。这种油缸一般采用活塞式，可分为单活塞杆式和双活塞杆式两种。其中，单活塞杆式油缸应用得最广泛。

常用油缸的类型与符号如图 4-1 所示。

类　　型		符　　号	速　　度	作　用　力	说　　明
活塞式	单活塞式	单作用	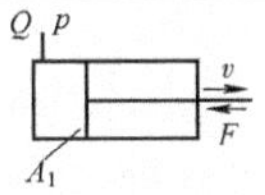 $v = \dfrac{Q}{A_1}$	$F = pA_1$	活塞仅单向运动，由外力使活塞反向运动
		双作用	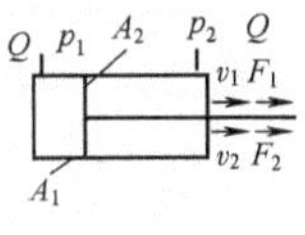 $v_1 = \dfrac{Q}{A_1}$ $v_2 = \dfrac{Q}{A_2}$	$F_1 = p_1A_1 - p_2A_2$ $F_2 = p_2A_2 - p_1A_1$	活塞双向运动，$v_1 < v_2$，$F_1 < F_2$
		差动	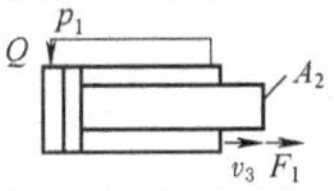 $v_3 = \dfrac{Q}{A_3}$	$F_3 = p_1A_1$	可使速度加快，但作用力相应减小
	双活塞杆式	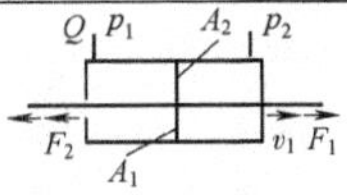	$v_1 = \dfrac{A}{A_1}$，$v_2 = \dfrac{Q}{A_2}$	$F_1 = (p_1 - p_2)A_1$ $F_2 = (p_2 - p_1)A_2$	活塞左右移动速度和作用力均相等

图 4-1　常用油缸的类型与符号

类　型		符　号	速　度	作 用 力	说　明
柱塞式		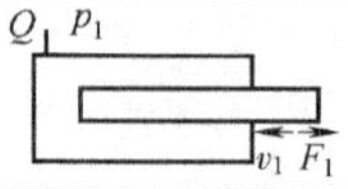 $Q_1\ p_1$	$v_1 = \dfrac{Q}{A_1}$	$F_1 = p_1 A_1$	柱塞仅单向运动，由外力使柱塞反向运动
伸缩式	单作用	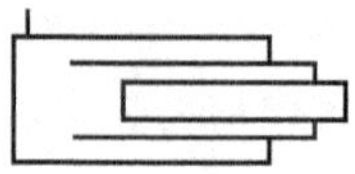	—	—	有多级可依次运动的活塞，由外力使活塞返回
	双作用	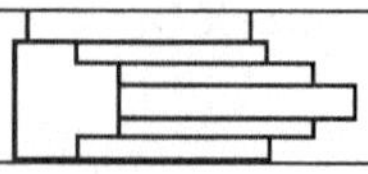	—	—	有多个可依次运动的活塞，活塞可双向运动
摆动式	单叶片	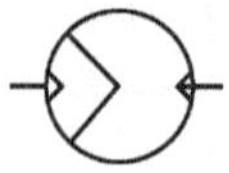	$\omega = \dfrac{8Q}{b(D^2 - d^2)}$	$M = \dfrac{p(D^2 - d^2)b}{8}$	把液压能变为回转的机械能，输出轴做小于280°的摆动
	双叶片		$\omega = \dfrac{4Q}{b(D^2 - d^2)}$	$M = \dfrac{p(D^2 - d^2)b}{4}$	输出轴只做小于150°的摆动

图 4-1　常用油缸的类型与符号（续）

1. 柱塞式油缸

图 4-2 所示为柱塞式液压缸的结构图与图形符号。若缸体固定，当压力油从进油口 A 进入油缸时，柱塞则在液压力作用下，克服外负载力，向左运动。当油缸进油口接油箱时，柱塞则在自重或外负荷力作用下缩入油缸。在不计泄漏损失和液体可压缩性的情况下，输入油缸的流量与柱塞的运动速度之间的关系为

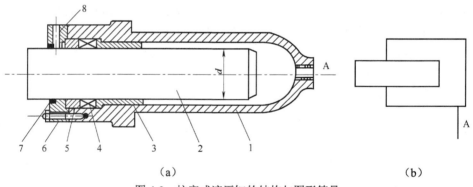

图 4-2　柱塞式液压缸的结构与图形符号

1—柱塞缸体；2—柱塞；3—导向套；4—密封装置；5—支承环；6—螺栓；7—防尘圈；8—端盖

$$v = \frac{Q}{A} \tag{4-1}$$

式中：Q 为流量；A 为柱塞的有效截面积；v 为柱塞运动的速度。

柱塞的推力为 $F = pA$，其中 p 为供油压力。

2. 单活塞杆式双作用油缸

舰船液压系统中常用单活塞杆式双作用油缸，其结构如图 4-3 所示。它是由缸套、活塞、

活塞杆、端盖和耳环等组成的。活塞通过螺母固定在活塞杆上,在活塞左、右两端装有 U 型或 Yx 型密封圈,中间装有支持环。为了防止压力油沿活塞杆外漏,在左端盖处装有 O 型密封圈。在左端装有导套,保持活塞杆正常的往复运动。在导套内圈与活塞杆接触处装有支持环,在导套外圈装有 O 型或 Yx 型密封圈以防止压力油外漏。右端盖与耳环连为一体。在缸套两端各一个进、出油口,以便连接进、出油管。通常,油缸上还设置放空气装置,以便排除缸内残余的空气。因为残余空气的可压缩性会导致活塞运动速度不均匀,甚至会出现严重的振动和噪声;同时,空气还会加速油液氧化和腐蚀液压元件等,所以,必须排除液压系统中的空气。此外,为了防止活塞快速运动到两端极限位置时冲击缸盖,有的油缸还设置有缓冲制动装置。

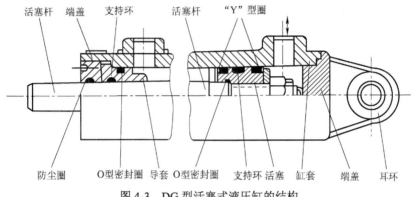

图 4-3　DG 型活塞式液压缸的结构

单活塞杆式双作用油缸左、右两腔的有效工作面积不相等,因此,这种油缸左、右两个方向的推力也不相等。如图 4-4(a)和(b)所示,若设进油腔和回油腔的压力分别为 p_1 和 p_2,则左右两个方向的推力分别为

$$F_1 = p_1 A_1 - p_2 A_2 = \frac{\pi}{4}[D^2 p_1 - (D^2 - d^2)p_2]$$

$$F_2 = p_1 A_2 - p_2 A_1 = \frac{\pi}{4}[(D^2 - d^2)p_1 - D^2 p_2]$$

（4-2）

式中: F_1、F_2 分别是压力油进入无杆腔和有杆腔时活塞的推力; d 为活塞杆的直径; D 为油缸缸径; A_1、A_2 为无杆腔和有杆腔的有效工作面积。

同样,当输入油缸的两腔的流量相同时,活塞杆的运动速度是不相同的,左右运动速度分别为

$$v_1 = \frac{Q}{A_1} = \frac{4Q}{\pi D^2}, \quad v_2 = \frac{Q}{A_2} = \frac{4Q}{\pi(D^2 - d^2)}$$

（4-3）

式中: v_1、v_2 分别为压力油输入无杆腔和有杆腔时活塞杆的运动速度。

若将单活塞杆式油缸左、右两腔相互接通,并输入压力油时,形成差动连接,如图 4-4(c)所示。虽然差动连接时左、右两腔的压力相等,但由于左腔(无杆腔)的有效工作面积大于右腔(有杆腔),故活塞杆向右移动。此时,液压缸的推力 F_3 为

$$F_3 = p_1(A_1 - A_2) = \frac{\pi}{4}d^2 p_1$$

（4-4）

差动连接时,活塞杆向右运动的速度为 v_3,它与输入流量 Q 的关系为

$$v_3 = \frac{4Q}{\pi d^2} \tag{4-5}$$

如果要使差动连接时的运动速度 v_3 等于 v_2，则有

$$\frac{4Q}{\pi d^2} = \frac{4Q}{\pi(D^2 - d^2)} \tag{4-6}$$

在这种情况下，差动油缸的活塞直径 D 与活塞杆直径 d 有如下关系：$D = \sqrt{2}d$。

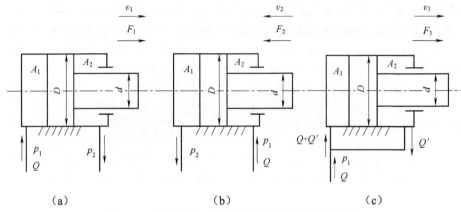

（a）　　　　　　　（b）　　　　　　　（c）

图 4-4　单活塞杆双作用液压缸推力与速度计算图

3. 双活塞杆式双作用油缸

双活塞杆式双作用油缸左、右两腔的有效工作面积相等，当供给相同压力和流量时，油缸左、右两个方向的推力和运动速度相同。如图 4-5 所示，若设进油腔和回油腔的油压力分别为 p_1 和 p_2，则左、右两个方向的推力为

$$F = A(p_1 - p_2) = \frac{\pi}{4}(D^2 - d^2)(p_1 - p_2) \tag{4-7}$$

式中：A 为活塞的有效工作面积；D、d 为活塞、活塞杆的直径；p_1、p_2 为油缸进油腔、回油腔的压力。

当输入的流量相同时，活塞杆左右运动的速度也相等

$$v = \frac{Q}{4} = \frac{4Q}{\pi(D^2 - d^2)} \tag{4-8}$$

式中：Q 为输入油缸的流量。

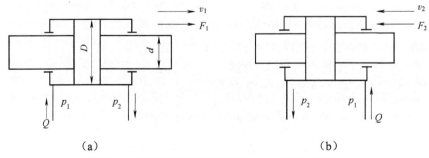

（a）　　　　　　　　　　　　　（b）

图 4-5　双活塞杆双作用液压缸推力与速度计算图

4.　摆动式油缸

摆动式油缸输出转矩和角速度，实现往复摆动运动。按其结构之不同可分为单叶式、双叶式和三叶式。图 4-6 所示为双叶式摆动油缸的工作原理。其油缸是固定的，上面固定着两个叶片，叫定叶；油缸转子上也有两个叶片，叫动叶。油缸内被定叶和动叶分隔成四个空间 A、B、C、D。当 A、C 空间通入压力油时，转子带动负载作逆时针方向转动，此时，B、D 空间排油。相反，若 B、D 空间通入压力油时，则转子带动负载作顺时针方向转动，此时，A、C 空间排油。若供油压力为 p_1，排油压力为 p_2，则顺、逆时针两方向的理论转矩 T_0 为

$$T_0 = 2\int_{d/2}^{D/2} (p_1 - p_2)bRdR = \frac{b}{4}(D^2 - d^2)(p_1 - p_2) \qquad (4\text{-}9)$$

式中：b 为叶片宽度；d 为叶片转轴直径；D 为缸筒直径。

若供给的流量为 Q，则顺、逆时针两方向的角速度 ω 为

$$\omega = \frac{4Q}{b(D^2 - d^2)} \qquad (4\text{-}10)$$

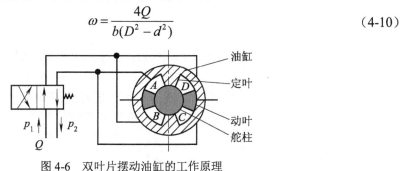

图 4-6　双叶片摆动油缸的工作原理

4.2　液压马达

液压马达（简称为油马达）是将液压能转化为机械功，输出转速和扭矩的执行元件。液压马达可直接与工作机械连接，不需要减速装置就可直接驱动低速大负载，因而使传动装置大为简化，液压马达常用于起重机、钻岩机、履带机等装置上。

1.　液压马达的主要性能参数

1）压力

液压马达的工作压力是指液压马达工作时输入的油液压力，其大小取决于负载。

液压马达的额定压力是指在正常工作条件下，按试验标准规定，能连续运行的最高工作压力。

液压马达的最高压力指按试验标准规定，允许马达短时间运转的最高压力。

2）排量、流量和转速

液压马达的排量 q 是指在不计泄漏的情况下，马达每转一转所需要供给的液体体积。排量 q 是由马达的密封工作腔的数目和结构尺寸所决定的，与负载压力无关。

在不考虑泄漏的情况下，排量为 q 的液压马达，欲使其以转速 n 旋转，输入液压马达的

理论流量 $Q_t = qn$。因为总是存在泄漏 ΔQ，所以液压马达的实际流量 Q 总是大小其理论流量 Q_t，即

$$Q = Q_t + \Delta Q \tag{4-11}$$

定义液压马达的容积效率 η_v 为理论流量与实际流量之比，即

$$\eta_v = \frac{Q_t}{Q} \tag{4-12}$$

将理论流量 $Q_t = qn$ 代入式（4-12），并改写得

$$n = \frac{Q}{q} \eta_v \tag{4-13}$$

由式（4-13）可得出两点结论：

（1）液压马达的排量和容积效率是决定马达的转速的两个主要参数。排量越大，马达的转速越低。负载越大，容积效率越低，马达的转速也会降低，马达的转速会随着负载变化而波动。所以说液压传动不能实现定比传动。

（2）在排量 q 和容积效率一定时，液压马达的转速 n 与供给的流量 Q 成正比，即速度取决于流量。通过控制供给的流量 Q，也就能够控制执行机构的转速。

3）扭矩

在不计机械摩擦损失的情况下，液压马达输出理论扭矩为 M_t，输出的理论机械功为 $2\pi n M_t$；液压马达的输入功率理论功率 pQ_t；根据能量恒定律有

$$2\pi n M_t = pQ_t \tag{4-14}$$

将理论流量 $Q_t = qn$ 代入式（4-14），并整理得

$$M_t = \frac{pq}{2\pi} \tag{4-15}$$

实际上存在机械摩擦损失 ΔM，所以液压马达输出的实际扭矩 M 是小于理论扭矩 M_t 的，可表示为 $M = M_t - \Delta M$。定义液压马达的机械效率 η_m 为实际输出扭矩 M 与理论扭矩 M_t 之比，即

$$\eta_m = \frac{M}{M_t} = 1 - \frac{\Delta M}{M_t} \tag{4-16}$$

将理论扭矩 $M_t = \frac{pq}{2\pi}$ 代入式（4-16），并整理得

$$p = \frac{2\pi}{q} M \frac{1}{\eta_m} \tag{4-17}$$

由式（4-17）可知，液压马达的工作压力取决于驱动负载的大小。

4）功率和效率

液压马达的功用是将液压功率 pQ 转换为机械功；液压马达的总效率定义为输出机械功率与功率之比，即

$$\eta = \frac{2\pi n M}{pQ} = \frac{Q_t}{Q} \frac{M}{M_t} = \eta_v \eta_m \tag{4-18}$$

由式（4-18）可知，液压马达的总效率是容积效率与机械效率的乘积，其输出机械功率为

$$N = pQ\eta \tag{4-19}$$

2. 液压马达结构

从能量转换角度讲，液压马达和液压泵都属于能量转换元件，两种元件从理论上能可逆工作，向液压泵输入压力油，可以作为马达使用；由外力驱动液压马达轴旋转，液压马达可以作为液压泵工作。共同特点是具有密闭并周期性变化的容积及相应配流机构。但是由于液压马达与液压泵工作条件不同，对其性能要求也不同，因此两种元件存在一定差别；对液压马达而言，由于要求其正反向旋转，因此，其结构是内部对称的；液压马达转速范围广，特别是要求低速稳定性好，一般采用滚动轴承或静压滑动轴承；液压马达输入的是压力油，因此无须具备自吸能力，只需一定的初始密封性，以提供必要的初始转矩；由于存在以上区别，因此两种元件并不能可逆工作。

常用的液压马达有齿轮式、叶片式、活塞连杆式和内曲线多作用式径向柱塞式马达。

1）齿轮马达

图 4-7 所示为齿轮马达工作原理，与齿轮泵相似，它由一对相互啮合的齿轮、壳体、端盖组成；图中 P 是两个齿轮的啮合点口，由 P 点到两齿轮齿根的距离分别是 a 和 b，当压力油输入到齿轮马达的右侧油口时，处于进油腔的所有齿轮均受到压力油的作用。当压力油作用在齿面上时，每个齿上都将受到方向相反的两个切向力作用，由于 a 和 b 值都比齿高 h 小，因此，在两个齿上分别作用着不平衡力，由其不平衡力的作用，两齿轮就会按图中箭头所示的方向旋转。形成的液压力矩和负载力矩相平衡，驱动负载旋转。工作后的低压油从齿轮马达的出油口排出。

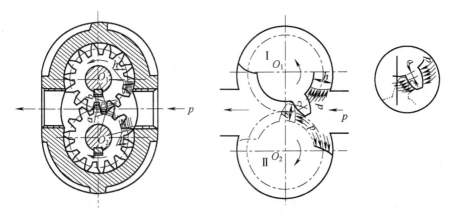

图 4-7 齿轮马达工作原理

可以看出，与齿轮泵相比，齿轮马达的压力油进口（压力高），对应的是齿轮泵的吸入口（压力低），作为马达的排油口（压力低）对应的是齿轮泵的排出口（压力高）。

2）叶片马达

图 4-8 所示为双作用与单作用叶片马达工作原理，与叶片泵相似，由转子、一组叶片、壳体及端盖组成。当压力为 p 的油液从进油口进入叶片 1 和 3 之间时，叶片 2 因两面均受液压油的作用所以不产生转矩。叶片 1、3 上，一面是压力油，另一面为低压油。由于叶片 3 伸出的面积大于叶片 1 伸出的面积，因此作用于叶片 3 上的总液压力大于作用于叶片 1 上的总液压力，于是压力差使转子产生顺时针方向的转矩。同样道理，压力油进入叶片 5 和 7 之间时，叶片 7

伸出的面积大于叶片 5 伸出的面积，也产生顺时针转矩。这样，就把油液的压力能转变成了机械能。

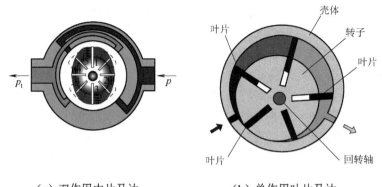

（a）双作用中片马达　　　　　　　（b）单作用叶片马达

图 4-8　双作用与单作用叶片马达工作原理

可以看出，与叶片泵相比，叶片马达的压力油进口（压力高），对应的是叶片泵的吸入口（压力低），作为叶片马达的排油口（压力低）对应的是叶片泵的排出口（压力高）。

3）活塞连杆式单作用油马达

图 4-9 所示为 1JMD-100 型活塞连杆式单作用油马达的结构图。它主要是由星形马达体和配流阀两部分组成的。星形马达体 1 是固定的，其周向均匀分布着五个径向油缸。各径向油缸中有活塞 2，通过中间球绞与连杆 3 连接。连杆大端部的凹型圆柱面紧贴在与输出轴 （曲轴）12 成一整体的偏心轮 11 边缘上，并用一对导环 4 压住连杆末端部的凹面，使之不脱离偏心轮。导环 4 则由挡圈 5 来固定。输出轴（曲轴）是靠装在壳体上的一对圆锥滚柱轴承 6 来支承的。与输出轴相对应的另一端连接着配流阀 9，以便实现同步转动和配油。

配流阀装有壳体左端突出的部分，通过十字联轴节 7 驱动，在配油套 10 内可自由转动。在配流阀 *A-A* 断面处有五条油路放射地从壳体通向各油缸，使油缸与配流阀相通，而配流阀的回转接头通过配油套上的两个环形槽把壳体上的一对油孔 a、b 与配流阀中的 A、B 两腔相通。当配流阀跟随输出轴转动时，就能同步地控制各油缸通油孔 a，或封闭，或通油孔 b，实现连续不断地旋转。

若 B 通压力油，A 通回油，则在图示位置时，油缸Ⅰ和Ⅱ通压力油，油缸Ⅲ和Ⅳ通回油，油缸Ⅴ处于过渡封闭状态。在液压力作用下，油马达顺时针方向旋转。若转过 36°，则油缸Ⅰ和Ⅱ仍然通压力油，油缸Ⅳ和Ⅴ则通回油，油缸Ⅲ处于过渡封闭状态。若再转过 36°，则油缸Ⅱ和Ⅲ通压力油，油缸Ⅳ和Ⅴ仍然通回油，油缸Ⅰ处于过渡封闭状态。油缸按次序依次处于封闭状态的顺序为Ⅴ—Ⅲ—Ⅰ—Ⅳ—Ⅱ—Ⅴ—…，如此循环下去。在曲轴旋转过程中，位于高压侧的油缸容积逐渐增大，而位于低压侧的油缸容积逐渐缩小。因此，在工作时，压力油不断进入液压马达，然后，从低压腔不断排出。

若进、排油口对换，油马达也将反向旋转。

以上讨论的情况是壳体固定曲轴旋转的情况。如果将曲轴固定，就能达到外壳旋转的目的。

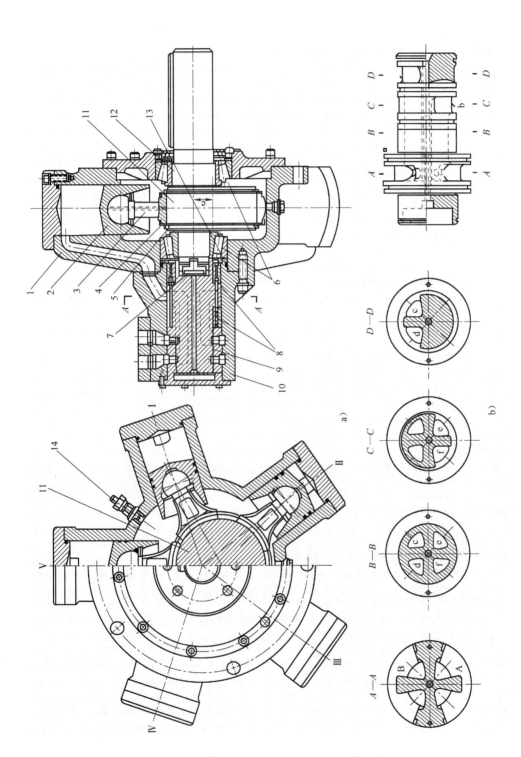

图 4-9　1JMD-100 型活塞连杆式单作用油马达的结构图

1—壳体；2—活塞；3—连杆；4—导圈；5—挡圈；6—滚柱轴承；7—联轴节；
8—轴承；9—配油阀；10—配油套；11—偏心轮；12—输出轴；13—垫圈；14—泄油管接头

曲轴连杆式油马达的排量 q 为

$$q = \frac{\pi}{4}d^2 Z \cdot 2e \qquad (4\text{-}20)$$

式中：d 为柱塞直径；Z 为柱塞数；e 为曲轴偏心距。

活塞连杆式油马达的瞬时排量是随输出轴的转角而变的。由于瞬时排量不均匀，因而就会使它在进、排油压差恒定时产生转矩脉动，在转矩恒定时产生油压差脉动；而当输入流量恒定时则产生角速度脉动。其转矩和转速的脉动率（最大和最小转矩或转速之差与其平均值之比）约为 7%。

活塞连杆式油马达结构虽然简单，但工艺性较差（球铰副的加工以及缸体流道的铸造和清洁都较困难）；球铰以及连杆与偏心轮接触压力大，工作时容易磨损和咬死，低速时还可能出现"爬行现象"；而且，由于摩擦面多，启动时润滑条件差，故启动力矩小，只能达到额定转矩的 80%～85%。此外，由于配油轴径向受力不平衡，故漏泄损失较大，容积效率也较低。

1JMD-100 型活塞连杆式油马达的主要性能参数见表 4-1。

表 4-1　1JMD-100 型活塞连杆式油马达的主要性能参数

1	型号	1JMD-100	7	额定功率	75.3kW
2	额定压力	16MPa	8	最高压力	22Mpa
3	额定扭矩	7 400N·m	9	最大扭矩	9 870 N·m
4	额定转速	0～100r/min	10	最大功率	103kW
5	每转排量	3.14L/r	11	偏心距	40mm
6	额定流量	314L/min	12	质量	255kg

4）内曲线多作用式径向柱塞式油马达

（1）工作原理。

图 4-10 所示为内曲线多作用式径向柱塞油马达的工作原理。它是由定子 1、转子 2、柱塞 3 和配油轴 4 等组成的。定子 1 的内壁由若干段均匀分布的形状完全相同的若干个曲面组成，记为 X 个曲面；每个曲面又可分为对称的两边，其中，允许柱塞副沿径向向外伸的一边称为工作段，又称为进油段，与它对称的另一边称为回油段。曲面的个数 X 就决定了油马达回转一周时每个柱塞的吸油或排油次数，又称为作用次数。

在转子 2 中沿径向均匀分布着若干个油缸，记为 Z 个油缸。每个油缸内配有一个柱塞，柱塞头部顶在横梁上。横梁的两侧则安装着带有滚针轴承的滚轮。滚轮紧贴在定子的内工作表面上。转子 2 套装在固定不动的配油轴 4 上。在配油轴的圆周上均匀分布着 $2X$ 个配油窗口。配油窗口彼此相间地分为数目相等的两组。每一对相邻的窗口都属于两组而彼此互不相通，并总是各自对应于定子导轨曲面上的升、降段。工作时，每个配油窗口都可与转子油缸底部的油孔轮流相通。同时，还可经轴内的通道分别与外接油口 A、B 相连通。

当油马达处于图示位置时，由压力油供入配油轴，使两个柱塞孔通压力油，处于工作段的柱塞顶在定子表面上，在接触处，定子曲面给出一个反作用力 N。该反作用力可分解为径向力 P_H 和切向力 T_s。其中，径向力 P_H 与油马达的工作压力和柱塞的惯性力相平衡；切向力 T_s 则克服负载力矩带动轴转动。与此同时，处于回油段的柱塞孔与排油窗口相通而排油。排油压力一般要求保持在 0.5M～1MPa 范围内，以使处于回油段上的滚轮不会与导轨曲面脱离。

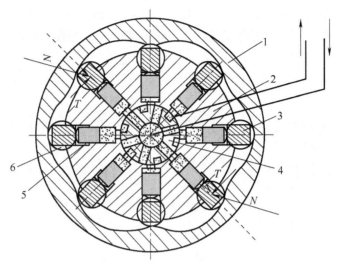

图 4-10　内曲线多作用式径向柱塞油马达的工作原理

1—定子；2—转子；3—柱塞；4—配油轴；5—滚轮；6—滚轮横梁

由此可见，只要不断地供给油马达压力油，并使排油口通畅地排油，则马达就会连续不断地转动，并通过输出轴驱动负载转动。当进、排油方向改变时，定子导轨曲面的工作段与回油段互相交换，从而使油马达反转。

内曲线多作用式径向柱塞油马达的排量 q 为

$$q = \frac{\pi}{4} d^2 HXYZ \tag{4-21}$$

式中：d 为柱塞直径；H 为柱塞行程；X 为作用次数；Y 为柱塞排数；Z 为单排柱塞数。

如果将内曲线多作用式油马达的转子固定，允许定子和配油轴转动，则经滚轮作用在定子上的切向分力 T_s 就会产生使定子旋转的扭矩，从而构成一壳体转动式油马达。

综上所述，在内曲线式油马达中，只要选择合适的导轨曲线，就可使油马达的瞬时流量基本稳定，从而获得良好的低速稳定性。而且，只要使作用次数 X 和柱塞数 Z 恰当地配合，全部柱塞受力状态完全对称，从而使作用在定子、转子和配油轴上的径向力完全平衡。显然，这对于减少磨损、延长使用寿命以及提高机械效率和容积效率是十分有利的。

内曲线多作用式径向柱塞式油马达的不足之处是：对材料的要求较高，结构和制造工艺较复杂。

（2）调速方法。

内曲线式油马达可通过改变每转所需供油量即油马达排量 q 的方法，实现有级调速。常用的调速方法有两种：一是改变有效作用次数；二是改变多排柱塞的组合方式。

① 改变有效作用次数。

图 4-11 所示为内曲线式油马达改变有效作用次数的调速原理图。该图是个一个六作用、八柱塞、双速内曲线油马达沿周向展开的柱塞排列图。它与单速油马达的不同之处是将两组进

油窗口之中的一组再等分为两小组 A 和 A'，从而构成为 A、A'、B 三组。并且，各用一条通路接至配油轴处，然后由双速换向阀进行控制。当换向阀换向到右位时，A 组窗口进压力油，A' 和 B 组窗口通回油，这时只有处在导轨 2、4、6 段的油缸能通压力油，于是六作用变成为三作用，而马达的每转排量 q 将减少一半，这种工况适用于轻载高速工况。

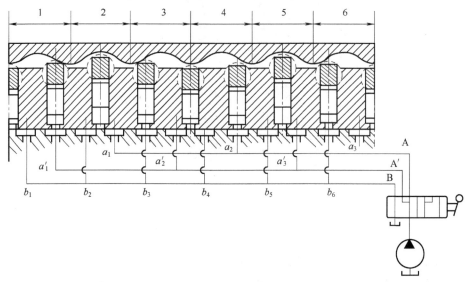

图 4-11　内曲线式油马达改变有效作用次数的调速原理图

如果将换向阀换到左位，则 A 和 A'两组窗口通压力油，B 组窗口通回油，这时，无论油缸转动到导轨的哪一段上均可通入压力油，其作用次数为六作用，马达的每转排量将比轻载高速工况增加一倍，这种工况适用于重载低速工况。

②　改变多排柱塞的组合方式。

内曲线式油马达的柱塞以单排居多，但也有做成双排或三排的。对于具有多排柱塞的油马达，只要改变各排柱塞之间的组合方式，便可实现有级调速。图 4-12（a）所示为双排柱塞式内曲线油马达的结构图。在配油轴上相对于甲、乙两排柱塞各有一列配油窗口 g 和 e，这两列窗口又各分成进油和排油两组，分别与配油轴内的四个环形槽 a、b、c、d 相连通。利用装在配油轴内的液动三位四通换向阀，就可控制四个环形槽的连接方式，从而实现双排柱塞串联和并联，从而实现有级调速。

图 4-12（b）所示为双排柱塞式内曲线油马达的调速原理图。当三位四通液动换向阀处于图示的中位时，设油口 A 通压力油，则压力油经环形槽 d 进入乙排柱塞，而其回油则经好 f 孔流到环形槽 b，再经环形槽 c 和 h 孔进入甲排柱塞，然后，由甲排柱塞经环形槽 a 到 D 孔回油，于是，两排柱塞是串联工作的。在这种串联工况下，油马达的排量和输出扭矩较小，而其转速则较高。

当三位四通液动换向阀处于图示的右位时，若油口 A 仍然通压力油，则压力油经环形槽 c、d 同时进入甲、乙两排柱塞，而环形槽 a、b 则同时接油口 D 通回油，于是，两排柱塞是并联工作的。这种并联工况与串联工况相比较，油马达的排量和扭矩都将增大一倍，而其速度在供给相同的流量条件下则减慢一倍。

当三位四通液动换向阀处于图示的左位时，环形槽 a、b、c、d 将四组配油窗口同时与进油口 A 和排油口 D 接通，因此，油马达不产生扭矩输出，转子处于浮动状态，因此也就可在负载力驱动下自由转动，这是一种特殊的浮动使用工况。

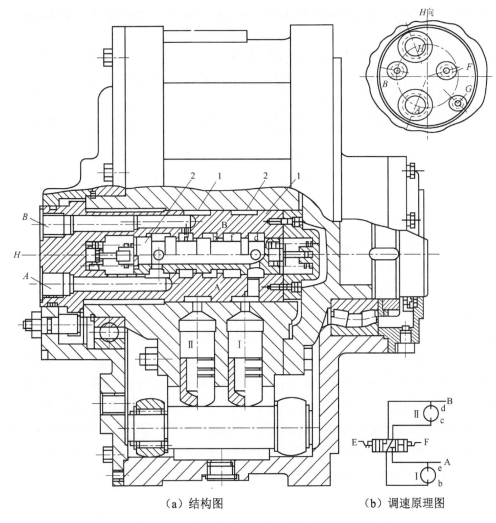

（a）结构图　　　　　　　　　　（b）调速原理图

图 4-12　双排柱塞式内曲线油马达及调速原理图

1—配流轴；2—变排阀

A，B—进、出油孔；a，b，c，d—环槽；e，f，g，h—油孔；E，F—控制油口；

习　题

4-1　用一定量泵驱动单活塞杆液压缸，已知活塞直径 $D=100\,\mathrm{mm}$，活塞杆直径 $d=70\,\mathrm{mm}$，被驱动的负载 $\sum R=1.2\times10^5\,\mathrm{N}$。有杆腔回油背压为 $0.5\mathrm{MPa}$，设缸的容积效率 $\eta_v=0.99$，机械效率 $\eta_m=0.98$，液压泵的总效率 $\eta=0.9$。求：（1）当活塞运动速度为 100mm/s 时液压泵的流

量；（2）电机的输出功率。

4-2 有一液压泵，当负载压力为 $p = 80 \times 10^5 \, \text{Pa}$ 时，输出流量为 96L/min，而负载压力为 $100 \times 10^5 \, \text{Pa}$ 时，输出流量为 94L/min。用此泵带动一排量 $V = 80 \, \text{cm}^3/\text{r}$ 的液压马达，当负载扭矩为120N·m时，液压马达机械效率为 0.94，其转速为 1 100r/min。求此时液压马达的容积效率。

4-3 增压缸大腔直径 $D = 90 \, \text{mm}$，小腔直径 $d = 40 \, \text{mm}$，进口压力为 $p_1 = 63 \times 10^5 \, \text{Pa}$，流量为 $q_1 = 0.001 \, \text{m}^3/\text{s}$，不计摩擦和泄漏，求出口压力 p_2 和流量 q_2 各为多少？

4-4 有一径向柱塞液压马达，其平均输出扭矩 $T = 24.5 \, \text{N·m}$，工作压力 $p = 5\text{MPa}$，最小转速 $n_{\min} = 2 \, \text{r/min}$，最大转速 $n_{\max} = 300 \, \text{r/min}$，容积效率 $\eta_v = 0.9$。求所需的最小流量和最大流量为多少？

第5章 液压控制元件

液压系统中使用的液压控制阀可根据其用途不同而分为三类。

（1）方向控制阀：用于控制液压系统中液流方向，包括单向阀、换向阀等。

（2）压力控制阀：用于控制液压系统中的油压，包括溢流阀、减压阀、顺序阀等。

（3）流量控制阀：用于控制液压系统中的流量，包括节流阀、调速阀等。

由液压控制阀可构成液压控制回路，实现执行元件的力（力矩）、速度和换向的控制。液压控制阀属于标准化和系列化的产品，但在液压系统中，也还使用一些专用的复合阀，即将若干控制阀或截止阀组合在同一阀体中，以省去它们之间的管道连接，从而使结构更为紧凑。

上述大量使用的普通液压控制阀一般用于控制精度要求不是很高的液压传动系统之中。对于控制精度要求高，响应要求快的电液伺服系统，需要使用电液伺服阀。它能根据电气信号的变化，连续按比例地控制液压系统的流量、压力和流向的改变。此外，随着液压技术的发展，适用于电—液信号转换的比例阀和适用于大流量液压系统的集成化的逻辑阀（又称插装阀）已开始应用于液压系统之中。

5.1 方向控制阀

在液压系统中，方向控制阀用于控制液流的方向，从而达到控制执行元件换向的目的。按其用途可分为单向阀和换向阀。

方向控制阀的基本原理是利用阀芯和阀体之间相对位置的改变，来实现油路的接通或断开，以满足对液压回路提出的各种功能要求。

1. 单向阀

单向阀只允许油液沿某一方向流动，而反向截止，这种阀也称为止回阀。单向阀种类很多，现介绍以下几种：

1）直通式单向阀

直通式单向阀的结构如图 5-1 所示。它是由阀体、阀芯（锥阀或球阀）和弹簧等组成的。压力油从右边流入，克服弹簧力，使阀芯离开阀座；压力油便经阀中间从左边流出。当反向时，阀左边压力高于右边压力，压力油将阀芯紧紧压在阀座上，阀处于关闭状态，不允许液流反向流动。因为这种单向阀的进、出口在一条直线上，故称为直通式单向阀。

2）直角式单向阀

直角式单向阀的结构如图 5-2 所示。其结构和原理与直通式单向阀相同，差别仅在于进、出口不在一直线上，在阀口处液流方向转向 90°，所以称为直角式单向阀。与直通式单向阀相比较，直角式单向阀具有振动和噪声小，压力损失小和使用拆卸方便等优点。

单向阀的弹簧主要用来克服阀芯的摩擦阻力和惯性力，为了使单向阀工作灵敏可靠，应选择适当的弹簧力。若弹簧力太大时，液流流经单向阀时的压力损失大；若弹簧力太小，则单向阀工作可靠性差。一般要求，单向阀的开启压力为 0.035～0.05MPa；当额定流量通过单向阀时，压力损失不得超过 0.1～0.3MPa。但单向阀在液压系统中作为背压阀使用时，应选择较硬的弹簧，使系统回油流经背压阀时有 0.2～0.6MPa 的压力损失。

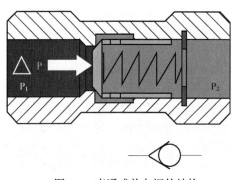

图 5-1　直通式单向阀的结构

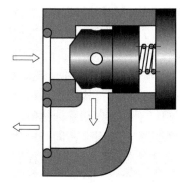

图 5-2　直角式单向阀的结构

3）液控单向阀

液控单向阀的结构如图 5-3 所示，它是由单向阀和液控装置两部分组成的。其中，液控装置由控制油口 K、控制活塞 1 和顶杆 2 组成。当控制油口通油箱时，顶杆和活塞处在最低位置，液控单向阀的功能与单向阀相同；当控制油口通压力油时，活塞和顶杆上移，将单向阀的阀芯顶开，液流双向都能自由通过，液控单向阀就失去了单向阀的功能。

当出口处的压力较高时，顶开阀芯所需的控制压力可能很高。为了降低控制压力，在阀芯内部增加一个卸荷阀芯 6，如图 5-4 所示。当活塞及顶杆在控制油压作用下顶开锥阀芯 3 之前，先顶开卸荷阀芯 6，使锥阀芯 3 上部的油液通过卸荷阀芯上铣去的缺口与下腔相通，使上腔压力下降，上、下腔压差减小，从而降低控制压力。此外，带卸荷阀芯的液控单向阀还能减少液压冲击，降低振动和噪声。

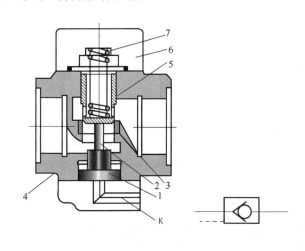

图 5-3　液控单向阀的结构

1—控制活塞；2—顶杆；3—阀座；
4—壳体；5—阀芯；6—端盖；7—弹簧；K—控制油口

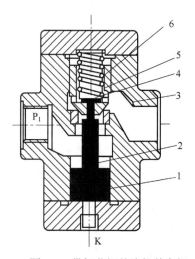

图 5-4　带卸荷阀的液控单向阀

1—控制活塞；2—顶杆；3—壳体；
4—卸荷阀；5—衬套；6—弹簧；K—控制油口

液控单向阀具有良好的单向密封性能,常用于要求执行元件长时间保压和锁紧的液压回路之中。例如,在支撑重物或吊机液压系统中使用的双向液压锁,其工作原理如图 5-5 所示。当 P_1 通压力油时,一方面 P_1 与 P_2 相通,另一方面 P_1 控制下面的液控单向阀使 P_4 与 P_3 相通。同理,当 P_3 通压力油时,一方面 P_3 与 P_4 相通,另一方面 P_3 控制上面的液控单向阀使 P_2 与 P_1 相通。而当 P_1 和 P_3 都不通压力油时,P_2 和 P_4 两腔就被两个单向阀封闭,执行元件就被锁定。

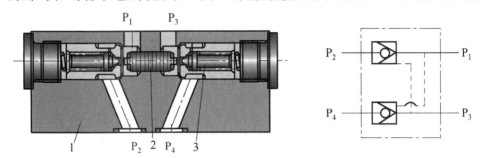

图 5-5　双向液压锁工作原理

1—阀体；2—控制活塞；3—卸荷阀芯

2. 换向阀

换向阀的基本原理是：利用阀芯和阀体相对位置的改变,使换向阀所控制的某些油口接通或断开。

对换向阀的主要性能要求是：油路导通时,压力损失要小；油路断开时,泄漏量要小；阀芯换向时,操纵力要小,并且要求换向平稳。

根据阀芯的运动方式之不同,换向阀可分为滑阀式和转阀式两种；根据操纵方式之不同,可分为手动换向阀（代号为 S）、机动换向阀（代号为 C）、电磁换向阀[代号为 D（交流）和 E（直流）]、液动换向阀（代号为 Y）、电液换向阀[代号为 DY（交流）和 EY（直流）]；根据阀的工作位置数之不同,换向阀可分为二位、三位等；根据控制的通道数之不同,换向阀可分为二通、三通、四通和五通等。

在种类繁多的换向阀中,滑阀式换向阀应用最为广泛。常用的滑阀式换向阀的结构原理和图形符号如图 5-6 所示。

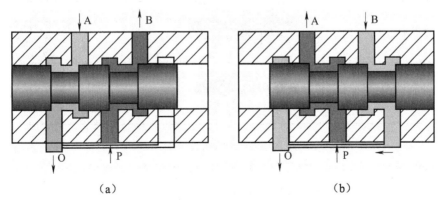

（a）　　　　　　　　　　　　　　（b）

图 5-6　滑阀式换向阀的工作原理

下面主要介绍滑阀式换向阀的工作原理、图形符号、滑阀机能和操纵方式。

1）滑阀式换向阀的工作原理和图形符号

滑阀式换向阀是靠阀芯（滑阀）在阀体内作轴向移动，使某些油路接通或断开的换向阀。滑阀是一个具有多段环形槽的圆柱体，例如，图 5-6 所示的三台肩滑阀。而阀体孔内有若干条沉割槽，每条沉割槽通过相应的孔或管道与外部相通，其中，P 口通压力油，O 口通回油，A 口和 B 口则通液压缸或液压马达的进、出油口。

当阀芯处于图 5-6（a）所示的位置时，P 通 B，A 通 O，液压缸的活塞向左运动；当阀芯向右移动处于图 5-6（b）所示的位置时，P 通 A，B 通 O，则液压缸的油塞向右运动。由此可见，换向阀可用来控制液压油路的通断，也就可以控制执行元件的换向。

换向阀的功能是由它所控制的通路数和阀的工作位置数所决定的。图 5-6 所示的阀有四个通路（P、O、A、B）和两个工作位置，故称为二位四通换向阀。图 5-7 中列出了几种常见的滑阀式换向阀的结构原理图，并画出了表示阀的功能的图形符号，符号中表示了阀的通路数、工作位置数和各工作位置上油路之间的连通关系。应该注意的是，一个完整的换向阀图形符号还应表示出操纵方式、复位方式和定位方式等。

位　和　通	结构原理图	图形符号
二位二通	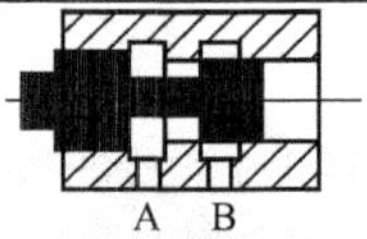 A　B	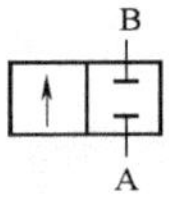 B A
二位三通	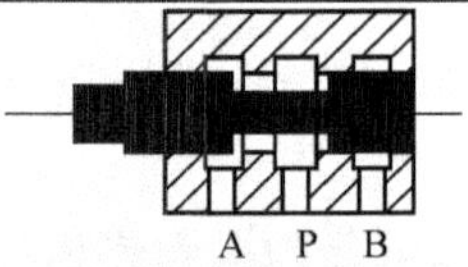 A　P　B	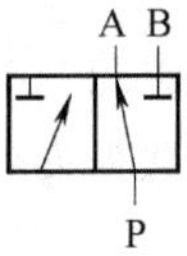 A　B P
二位四通	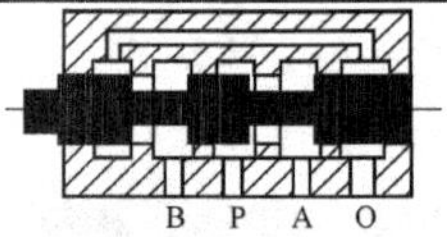 B　P　A　O	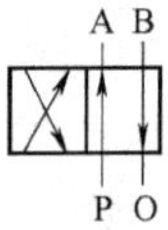 A　B P　O
二位五通	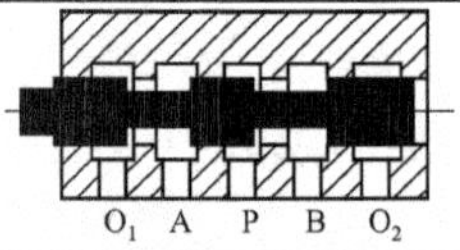 O₁　A　P　B　O₂	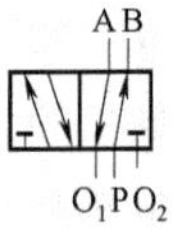 A B O₁PO₂
二位四通	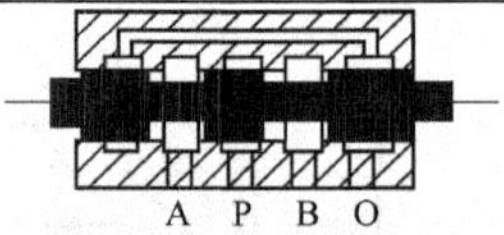 A　P　B　O	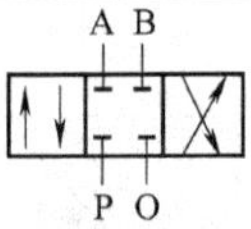 A　B P　O
二位五通	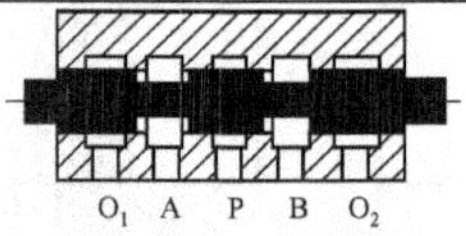 O₁　A　P　B　O₂	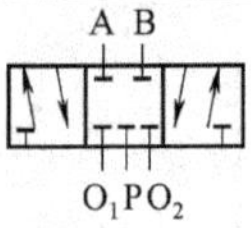 A B O₁PO₂

图 5-7　常用的四通滑阀的各种中位机能

2）滑阀机能

换向阀处于不同工作位置时，各油路之间的连通情况也不同，这种不同的连通方式则体现了换向阀的各种控制机能，称为滑阀机能。图 5-8 中列出了常用的四通滑阀式换向阀的各种中位机能。

机 能 代 号	结构原理图	中位图形符号	机能特点和作用
O	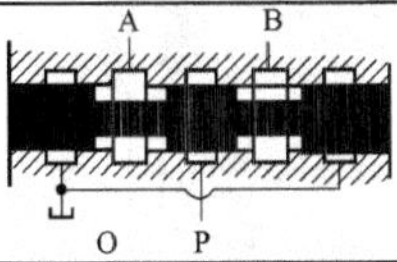	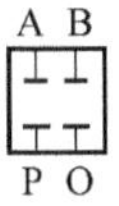 A B ├┬┤ P O	各油口全部封闭，缸两腔封闭，系统不卸荷。液压缸充满油，从静止到启动平稳；制动时运动惯性引起液压冲击较大；换向位置精度高
H	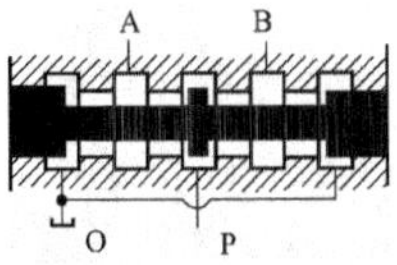	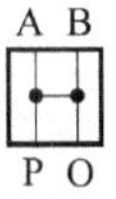 A B P O	各油口全部连通，系统卸荷，缸成浮动状态。液压缸两腔接油箱，从静止到启动有冲击；制动时油口互通，故制动较 O 型平稳；但换向位置变动大
P	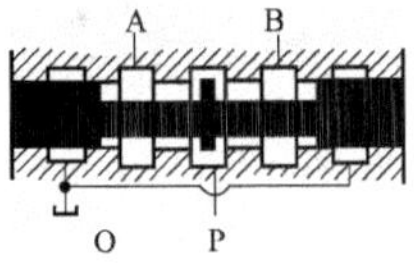	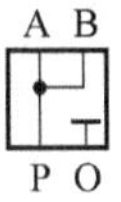 A B P O	压力油 P 与缸两腔连通，可形成差动回路；回油口封闭，从静止到启动较平稳；制动时缸两腔均通压力油，故制动平稳；换向位置变动比 H 型的小，应用广泛
Y	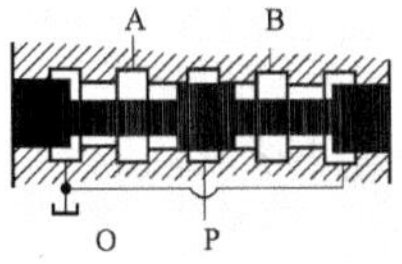	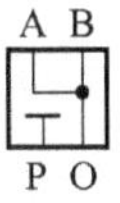 A B P O	油泵不卸荷，缸两腔通回油，缸成浮动状态。由于缸两腔接油箱，从静止到启动有冲击，制动性能介于 O 型与 H 型之间
K	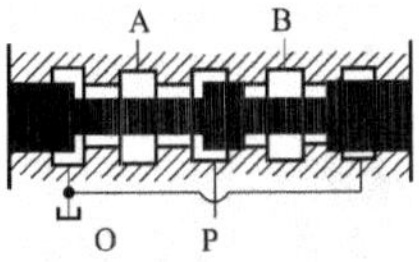	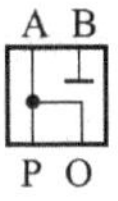 A B P O	油泵卸荷，液压缸-腔封闭-腔接回油。两个方向换向时性能不同
M	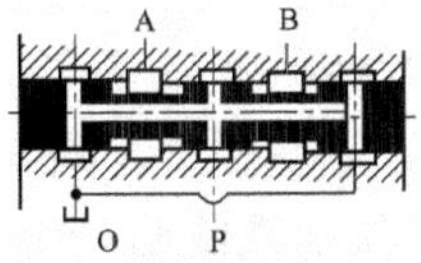	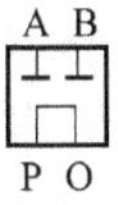 A B P O	油泵卸荷，缸两腔封闭，从静止到启动较平稳；制动性能与 O 型相同；可用于油泵卸荷液压缸锁紧的液压回路中
X	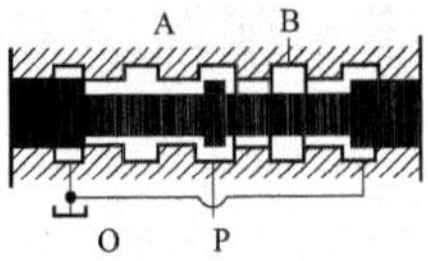	 A B P O	各油口半开启接通，P 口保持一定的压力；换向性能介于 O 型和 H 型之间

图 5-8　滑阀式换向阀的类型与符号

　　3）操纵方式

　　（1）手动换向阀。手动换向阀是利用手动杠杆操纵滑阀沿轴向移动，改变其工作位置，以实现油路通或断的换向阀。手动换向阀常用于应急手动操舵、应急手动起锚和应急手动收放鳍等。手动换向阀可分为弹簧自动复位和弹簧钢球定位两种。图 5-9（a）所示为弹簧自动复位式四通手动换向阀的结构图。若手柄处于中位，P、O、A、B 口都封闭；若推动手柄向左，阀芯向右移动，阀处于左位，即 P 通 A，B 通 O；若松开手柄，阀芯靠两侧弹簧力作用恢复原位（中位）；若推动手柄向右，阀芯向左移动，阀处于右位，即 P 通 B，A 通 O，使执行元件换向；同理，若松开手柄，则阀在两复弹簧作用下恢复中位。此阀的中位机能为 O 型机能。

　　图 5-9（b）所示为钢球定位式三位四通换向阀的定位部分结构简图。其定位缺口数取决于换向阀的工作位置数。当手柄松开时，阀将仍然保持在所需要的工作位置上。

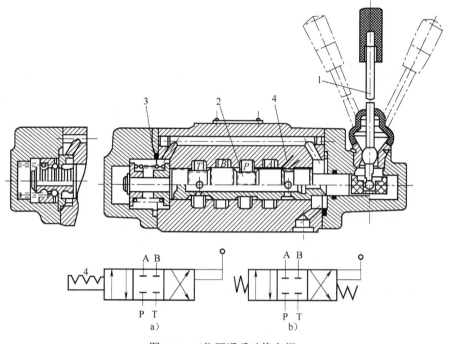

图 5-9　三位四通手动换向阀

1—手柄；2—阀芯；3—密封圈；4—阀体

（2）机动换向阀。机动换向阀又叫行程阀。当执行机构到达一定的位置时，通过挡铁或凸轮压下、松开机动换向阀的滚轮，使阀芯移动来控制油流的通断。机动换向阀通常是二位的，有二通、三通、四通和五通等。二位二通阀又分为常闭型和常开型两种。图 5-10 所示为 C 型二位二通常闭式行程阀的结构图和符号。行程阀由于工作时与挡铁或凸轮刚性接触，动作可靠，可以通过合理设计挡铁接触面的倾斜度或凸轮的升程来控制阀芯的移动速度，以获得较好的换向性能。

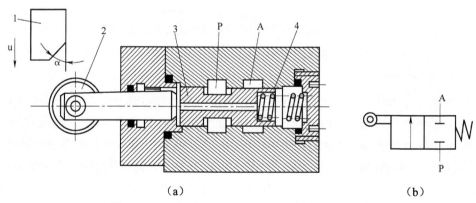

图 5-10　C 型二位二通常闭式行程的结构图和符号

1—驱动装置；2—推杆与滚轮；3—阀芯；4—弹簧

行程阀型号举例：22C-25BH，22 表示二位二通，C 表示行程阀，25 表示公称通径 25mm，

B 表示板式连接，H 表示常通型（常闭型不写符号）。

　　（3）电磁换向阀。电磁换向阀是利用电磁铁推动阀芯移动来控制油液的流动方向的，简称为电磁阀。按所需电源不同，可分为交流型（用 D 表示）和直流型（用 E 表示）两种。其中，交流电磁铁具有启动力大，换向时间短，不需要特殊电源和价格低廉等优点。但换向冲击大，电磁铁发出的噪声大，当出现过载或阀芯卡住等故障时，交流电磁铁的线圈容易烧坏，工作可靠性较差。相比之下，直流电磁铁不论吸、合与否，其工作电流基本不变，因此，不会因阀芯卡住而烧毁电磁铁线圈，因而具有较高的可靠性，换向冲击小，换向频率高，但需要专门的直流电源。

　　图 5-11 所示为二位四通电磁换向阀的结构与符号。当电磁铁断电时，阀芯 3 被弹簧 4 推向左端，进油口 P 与 A 腔接通；当电磁铁通电时，电磁铁通过推杆 5 将阀芯 3 推向右端，进油口 P 与 B 腔接通。

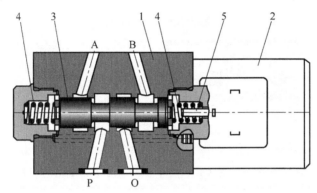

图 5-11　二位四通电磁换向阀的结构和符号

1—阀体；2—电磁铁；3—阀芯；4—弹簧；5—推杆

　　图 5-12 所示为三位四通 O 型电磁换向阀的结构和符号，该阀中位机能为 O 型。当两端电磁铁都不通电时，阀芯 7 在两侧弹簧 9 作用下处于中位，P、O、A、B 互不相通；当右边电磁铁通电时，电磁铁通过顶杆 5 将阀芯 7 推向左端，进油口 P 与 B 腔接通，A 腔与回油口 O 接通，阀处于右位；当左边电磁铁通电时，阀芯被推向右端，进油口 P 与 A 接通，而 B 腔与回油 O（通过纵向内孔 e）相通，阀处于左位，从而实现油路的换向控制。

　　电磁换向阀的型号举例：24D-B25，24 表示二位四通，D 表示交流电磁铁，B 表示板式连接，25 表示公称通径为 25mm；34E0-B10，34 表示三位四通，E 表示直流电磁铁，O 表示中位机能为 O 型，B 表示板式连接，10 表示公称通径为 10mm。

　　（4）液动换向阀。液动换向阀是靠控制压力油来改变阀芯相对于阀体位置，实现对油液流动方向的控制，一般用在流量较大的液压系统中。

　　图 5-13 所示为三位四通液动换向阀的结构和符号，该阀的中位机能为 O 型机能。当控制压力油从控制口 K_1 进入阀芯左端时，推动阀芯向右移动到右端，右端的油经 K_2 回油箱，使进油口 P 与 A 腔相通，B 腔与回油口 O 相通，阀处于左位；当控制压力油从 K_2 进入阀芯右端时，推动阀芯向左移动到左端，左端的油经 K_1 口回油箱，使进油口 P 与 B 腔相通，A 腔与回油口 O 相通，阀处于右位。当 K_1 和 K_2 控制油口都通油箱时，阀芯在两端对中弹簧力作用下恢复到

中位。液动换向阀的换向速度有可调和不可调两种。可调式液动换向阀在阀芯两端装有单向节流元件。调节此节流阀的开度大小就可以控制阀芯换向的速度。

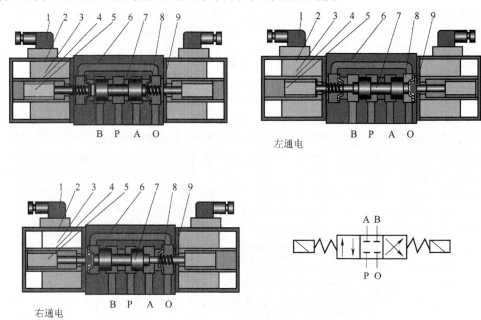

左通电

右通电

图 5-12　三位四通 O 型电磁换向阀的结构和符号

1—接线柱；2—电磁铁壳体；3—电磁铁芯；4—衬套；5—顶杆；6—阀体；7—阀芯；8—弹簧座；9—弹簧

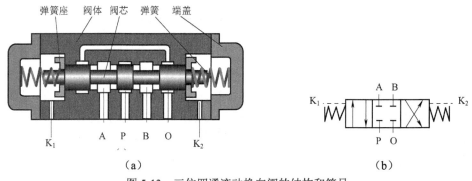

（a）　　　　　　　　　　　　　　　　（b）

图 5-13　三位四通液动换向阀的结构和符号

液动换向阀的型号举例：34YM-B25，34 表示三位四通，Y 表示液动阀，M 表示中位机能为 M 型，B 表示板式连接，25 表示公称通径为 25mm。

（5）电液换向阀。电液换向阀是由电磁换向阀与液动换向阀组合而成的，其中电磁换向阀起先导作用，即电磁阀所控制的液流作为液动阀的控制压力油，改变控制压力油的流向就可改变液动阀的阀芯位置，从而改变液动换向阀所控制的主油路液流的方向。

图 5-14 所示为 34EY 型电液换向阀的结构和符号。先导阀为电磁换向阀，三位四通，中位机能为 Y 型。当左边电磁铁芯 3 通电时，阀芯 7 向右移动到右端，压力油 P 经节流阀 12 进入液动阀的右端，将推动主阀芯 11 到左端，阀芯 11 左端的油液经另一侧节流阀和电磁阀流回油箱（主阀芯 11 左、右移动的速度可通过两侧节流阀来调节）。这时，液动阀处于左位，主油

路压力油 P 与 A 腔相通，B 腔与回油腔 O 相通。当两个电磁都断电时，电磁阀的阀芯在其两端弹簧力的作用下处于中位，液动阀的阀芯两端的油液经过 Y 型中位机能的电磁阀回油箱，在其两端弹簧力作用，液动阀的阀芯也处于中位。

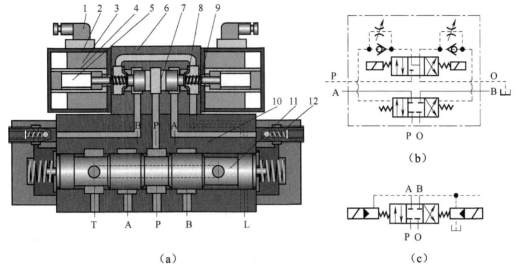

图 5-14　三位四通电液换向阀的结构和符号

1—接线柱；2—电磁铁壳体；3—电磁铁芯；4—衬套；5—顶杆；6—先导阀体；7—先导阀芯；
8—弹簧座；9—弹簧；10—主阀体；11—主阀芯；12—节流阀

电液换向阀由于换向速度可调，因此，其工作部件换向平稳。其型号举例如下：34DYM-B40-TZ，34 表示三位四通，DY 表示交流电液换向阀，其电磁阀的中位机能为 Y 型，M 表示液动阀的中位机能为 M 型，B 表示板式连接，40 表示公称通径为 40mm，T 表示有自动对中复位弹簧，Z 表示有节流阀（或称阻尼器）调节液动阀的换向速度。

5.2　压力控制阀

压力控制阀是用来控制液压系统压力或利用压力信号控制其他元件动作的阀类。按其功能和用途不同可分为溢流阀、减压阀、顺序阀和压力继电器等。它们都是利用液压力作用于阀芯一端与阀芯另一端弹簧力相平衡的原理进行工作的。

1. 溢流阀

溢流阀的功用是在液压系统油压超过设定压力时溢流出多余的油液，从而调节与稳定液压系统油压，或限制液压系统的最高油压，防止液压系统过载。

根据溢流阀在液压系统中的作用，可分为两种：一是在定量泵节流调速系统中，保持液压泵出口压力恒定，并将多余的流量溢流回油箱，溢流阀起定压溢流作用；二是用在容积调速系统中起安全保护作用，即在液压系统正常工作时溢流阀处于关闭状态，只有当液压系统在压力超过溢流阀的调定压力时，溢流阀才开启溢流，使液压系统的压力不再增加，对液压系统起过载保护作用。

溢流阀按它的结构可分为直动式溢流阀和先导式溢流阀两类。

1）直动式溢流阀

图 5-15 所示为一种采用滑阀芯的直动式溢流阀的结构。压力油从进油口经阀芯 4 中的阻尼小孔作用在阀芯底部端面（面积为 A）上。当进油压力 P 升高，以致于使底部端面的油压力（PA）超过弹簧 2 的张力 F_s 时，阀芯就被抬起，使进油口与回油口相通而溢油，从而阻止阀前液压系统中的油压进一步升高。阻尼孔用以防止阀芯动作过快而产生振动，从而使阀能平稳地工作。显然，转动调节螺母 1，可改变弹簧 2 的张力，即可改变溢流阀的设定压力。

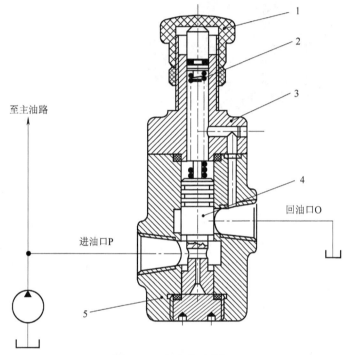

图 5-15　直动式溢流阀-

1—调节螺母；2—弹簧；3—阀体；4—阀芯；5—端盖

当溢流阀处于稳定的开启状态时，阀芯上、下的作用力是互相平衡的。因此，如果考虑到阀芯的重量、摩擦力和液动力一般不大，而将其忽略不计，则 $pA = F_s$，即液压系统中油压 $p = F / A$。然而，弹簧的张力 F_s 并非是固定不变的，它将随阀芯升程的增大而增大，所以，溢流阀的开启压力 p_o 也就总小于达到额定溢流量 Q_H 时的压力 p_t，p_t 即称为溢流阀的设定压力。

图 5-16 所示为直动式和先导式溢流阀的特性曲线的比较。图中，设定压力 p_t 与开启压力 p_o 的差值称为稳态压力变化量（简称压力变化量）。它表明溢流阀工作稳定时可能出现的压力变动范围，是溢流阀的重要性能指标之一。当然，我们总希望压力变化量越小越好，但是，当液压系统设计的工作压力较高时，溢流阀的弹簧就必须选得硬一些，这样，不仅调整费力，而且弹簧越硬，压力变化量也就越大，故直动式溢流阀仅适用于低压场合，最大设定压力约为 2.5MPa。如果液压系统的最大工作压力较高，并希望压力变化量相对较小，就需要采用先导式溢流阀。

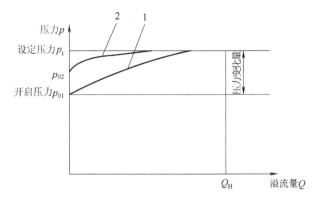

图 5-16　直动式和先导式溢流阀的特性曲线的比较

1—直动式溢流阀的 $p \sim Q$ 特性曲线；2—先导式溢流阀的 $p \sim Q$ 特性曲线

2）先导式溢流阀

图 5-17 所示为 YF 型溢流阀的结构与符号，其工作原理是：从进油口进入的压力油先到主阀芯下腔，并经主滑阀上的阻尼孔导入主阀芯上腔，再通过阀体上的通道进入先导阀的前腔。在进油压力低于调定压力时，先导阀前腔油压不能克服先导阀弹簧的弹力，因此先导锥阀处于关闭状态。此时进油压力 p_1 与主阀上腔压力 p_2 相等，主阀芯滑阀在中部弹簧的作用下使阀口关闭。当系统压力升高到调定压力时，作用在先导锥阀上的油压克服先导阀弹簧的弹力顶开锥阀而溢流（溢出的油经滑阀中心孔流回油箱）。这时，油液在流过主阀芯上阻尼孔时将形成压力降，使 $p_2 < p_1$。因此主滑阀在进油腔和阀芯上腔的压差作用下，将克服中部弹簧的弹力而向上运动，使主阀口开启（主阀离开阀座）而溢流。从而保持系统的压力在规定的范围内。

溢流阀的压力调整可通过调节手轮来完成。转动手轮可以调整先导阀弹簧的弹力，从而改变打开锥形阀的油压。阀体上还设有远程控制口，使溢流阀变成为远控调压阀。

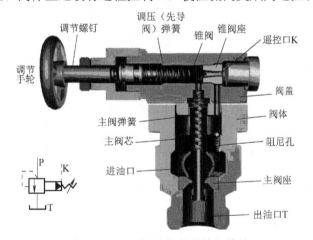

图 5-17　YF 型溢流阀的结构与符号

3）电磁溢流阀

电磁溢流阀是由先导式溢流阀和电磁换向阀叠加而成的。一般电磁换向阀采用二位二通电磁换向阀，所以，电磁溢流阀有常开型（H 型）和常闭型（O 型）两种类型。图 5-18 所示为常开型电磁溢流阀的结构与符号。由图可见，其上部有一个二位二通电磁换向阀，控制先导式溢流阀远控口 K 是否通油箱，从而控制溢流阀主阀芯是否卸载。对于常开型电磁溢流阀，电磁铁断电时，溢流阀卸载；电磁铁通电时，溢流阀正常工作，作为定压阀或安全阀使用。对于常闭型电磁溢流阀，电磁铁断电时，溢流阀作为定压阀安全阀或工作；电磁铁通电时，溢流阀卸载。

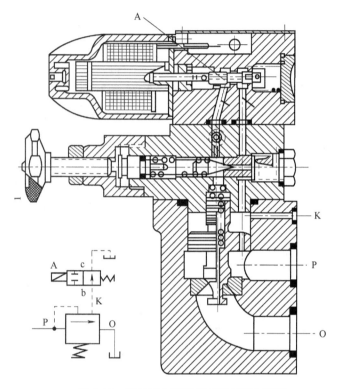

图 5-18 常开型电磁溢流阀的结构与符号

溢流阀的故障一般是由阻尼孔（一般孔径为 0.8～1.2mm）堵塞、主阀芯卡滞、先导阀关闭不严或弹簧失效等造成的。而油液清洁与否对溢流阀的可靠性影响很大。显然，先导阀座小孔堵塞，溢流阀就将无法开启；而当主阀芯阻尼孔堵塞时，则主阀的开启压力就会变得很低，且开启后又将难以关闭；先导阀严重泄漏、先导阀或主阀弹簧失效，或维修时漏装了，或进出油口反接等也同样会使油压建立不起来。如果阻尼孔太大，或滑阀与阀孔间泄漏严重，则阻尼作用减弱，并因此会导致压力波动，产生振荡与噪声；此外，油液中混有空气或油泵的压力脉动与阀芯弹簧发生共振时，也同样会产生振动和噪声。

2. 减压阀

减压阀的功用是使流经阀的油液节流降压，以便于单个液压泵能够提供不同压力的油源。根据控制功能不同，减压阀有定值减压阀和定差减压阀之分。其中，使用最普遍的是定值减压阀，简称减压阀。它能根据阀出口压力的变化改变阀的开度，以使得阀后的油流减压并保持压力稳定。定值减压阀通常都做成先导式结构型式。而定差减压阀则能使得进、出口的压差保持恒定，通常都采用直动式结构型式。

图 5-19 所示为先导式定值减压阀的典型结构和图形符号。这种阀也由主阀和先导阀两部分组成。从进口来的压力为 p_1 的高压油流，经主阀芯 7 与阀体之间的阀口 X_R 节流后，压力降为 p_2，由出口 f 流出。出口 f 的油液压力 p_2 已经降低，一部分沿主阀芯下部的阻尼小孔 g 进到主阀芯的下腔 q；另一部分油液，通过主阀芯中心阻尼孔 e，到达主阀芯的上油腔 r，然后经上盖中的通孔 b 引至先导阀的右腔 n。正常工作时，阀出口压力超过先导阀的开启压力时，先导阀被顶开，小流量的油液经先导阀阀口 m 溢流回油箱。小流量的油液流经阻尼小孔 e 时有降压作用，使主阀芯下腔的油压 p_2 高于上腔油压。如果油压 p_2 升高，先导阀的开度将增加，通过阻尼小孔 e 的流量就会增加，主阀芯上下两腔的油压差随之增大，因而也就会克服主阀芯弹簧 8 的张力而关小，以阻止压力 p_2 升高；反之，如果压力 p_2 降低，则主阀阀口 X_R 就会开大，以阻止压力 p_2 的降低。这样，依靠主阀芯自动调整节流口 X_R 的开度，即可使出口压力基本稳定在设定压力附近。转动调节螺母，可改变先导阀弹簧 2 的预压缩量，即可改变减压阀的设定压力。当然，如果阀后的压力 p_2 过低，以致于使先导阀关闭，则主阀芯上下腔油压相等，主阀芯也就会在主阀芯弹簧 8 的作用下处于最下端的全开位置。这时，也就超出了阀的调节范围，因而无法维持阀出口压力的稳定了。减压阀的泄油口必须直通油箱（外泄式），这与溢流阀（内泄式）不同。减压阀工作时，先导阀的外泄漏量一般小于 $1.5\sim2$L/min。如果泄油背压过高，以致使先导阀不能开启，减压阀工作就会失灵。减压阀发生故障的原因与溢流阀类似，这里不再赘述。

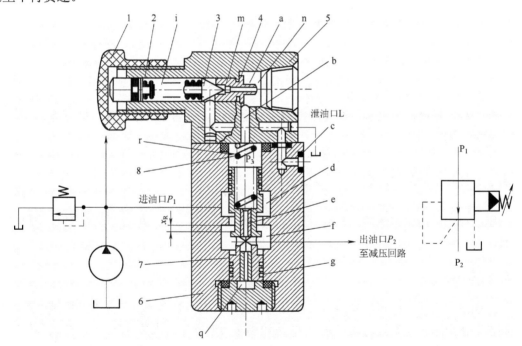

图 5-19　先导式定值减压阀的典型结构和图形符号

1—调节螺母；2—先导阀弹簧；3—先导阀芯；4—先导阀座；5—先导阀阀体；6—主阀阀体；7—主阀芯；
8—主阀芯弹簧；a—先导阀孔；b—通孔；c—控制油口；d—进油口；X_R—节流阀口；e—中心阻尼孔；
f—出口；g—阻尼小孔；i—先导阀左腔；m—先导阀阀口；n—先导阀右腔；q—下油腔；r—上油腔

图 5-20 所示为定差减压阀及符号，图中压力油 p_1 经节流口 X_R 减压为 p_2，其力平衡关系为

$$(p_1 - p_2) = K(X_C + X_R)/A \qquad (5-1)$$

阀芯面积 A 一定，弹簧预压缩量一定，当 X_R 变化很小时，$(p_1 - p_2)$ 基本恒定，即可保持阀前后压力差基本不变，因此称定差减压阀。

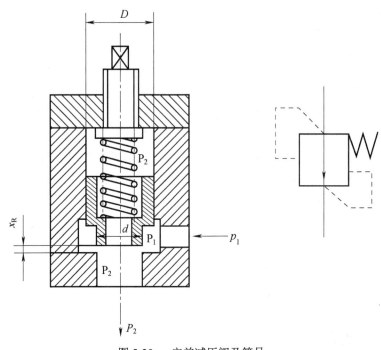

图 5-20　　定差减压阀及符号

还有一种减压阀，可以保持阀前后压力成一定比例，成为定比减压阀，如图 5-21 所示。其力平衡关系为

$$p_1 A_1 + K(X_C + X_R) = p_2 A_2 \qquad (5-2)$$

由于选择较软的弹簧，忽略弹簧力及刚度

$$p_1 / p_2 = A_2 / A_1 \qquad (5-3)$$

减压阀前后压力比与活塞面积成反比，只要确定了 A_1、A_2，p_1 / p_2 即为定值，因此成为定比减压阀。

3．顺序阀

顺序阀以压力作为控制信号，控制油路的通、断，从而控制多个执行元件动作顺序的阀类。顺序阀按动作原理可分为直动式和先导式；按控制压力液压油的来源，可分为内控式和外控式；按泄油方式有内泄和外泄两种。通过改变控制方式、泄油方式和二次油路的接法，顺序阀还可具有其他功能，如作背压阀、平衡阀或卸荷阀用。

顺序阀的要求是：调压范围大；调压偏差小；压力损失小；动作灵敏；阀关闭时内泄漏量要小；工作平稳、振动和噪声小。

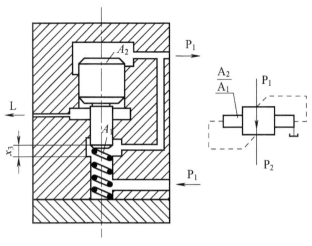

图 5-21   定比减压阀及符号

图 5-22 所示为直动式顺序阀的工作原理及符号。压力为 p_1 的液压油，通过阀体 4 和下端盖 7 的孔道引入到小活塞 6 的下腔。工作时泵输出的压力液压油先进入油缸 Ⅰ，驱动活塞运动。油缸 Ⅰ 负载增加时，p_1 也增加，当 p_1 增加到使小柱塞底部的液压作用力大于弹簧力时，阀芯上移，阀口全开，使 p_1 和 p_2 接通，驱动油缸 Ⅱ 运动，从而控制油缸 Ⅰ 和油缸 Ⅱ 按顺序动作。

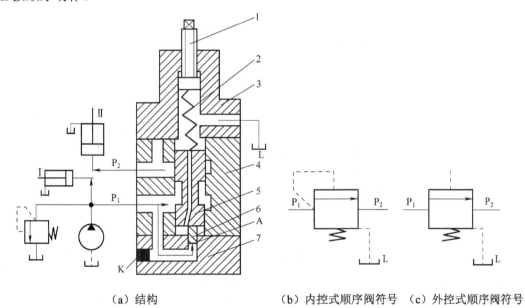

（a）结构　　　　　（b）内控式顺序阀符号　（c）外控式顺序阀符号

图 5-22   直动式顺序阀工作原理图及符号

1—调节螺钉；2—调节弹簧；3—上端盖；4—阀体；5—阀芯；6—小活塞；7—下端盖

图 5-22 所示的状态为内控式，若将下端盖旋转 90°，拆下堵头 K，并与外部油源连接，就是外控式。外控式顺序阀口的开启与否与一次压力 p_1 无关，仅取决于外部控制压力的大小。顺序阀的泄油口 L 必须单独接回油箱。

4. 压力继电器

压力继电器是用于液压控制系统中把油压信号转换为电信号的一种信号发送装置。它是由压力阀与微动开关两部分组成的。液压系统的压力达到某一预先调定值时，压力阀阀芯产生位移，接通或断开微动开关的触头，发出电信号，去实现程序控制或实现安全卸载保护，如图 5-23 所示。

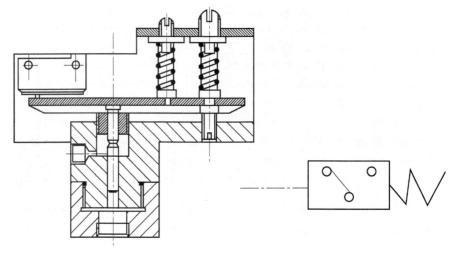

图 5-23　压力继电器原理及符号

5.3　流量控制阀

流量控制阀是靠改变阀的开度，以改变通流面积，从而控制流量的一类控制阀。通常用在定量泵节流调速系统中，用于控制执行机构（油缸或油马达）的运动速度。

流量控制阀包括节流阀和调速阀两大类，其中，节流阀是基本元件，调速阀则是节流阀与其他压力控制阀组合而成的。

1. 节流阀

节流阀是一种可借助于移动或转动阀芯的方法直接改变阀口的通流面积，从而改变流动阻力的阀。图 5-24 所示为节流阀上常用的几种节流口的形状。

油液流过节流口时会产生压降，通过节流阀的流量，除受油液黏度变化影响外，主要取决于通流面积、节流口前后的压差和节流口的形状。其流量 Q 为

$$Q = C_q A \Delta p^m \tag{5-4}$$

式中：C_q 为流量系数，它受节流口形状和油液黏度的影响；A 为节流口的通流面积；Δp 为节流口前后的压差；m 为由节流口形状所决定的指数，薄壁小孔（孔长远小于孔径）$m = 0.5$；细长孔（孔长远大于孔径）$m = 1$；一般节流口的 m 值介于 0.5 和 1 之间。

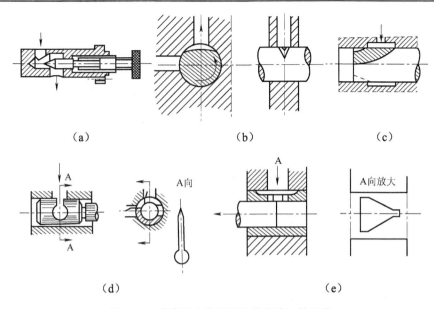

图 5-24　节流阀上常用的几种节流口的形状

由此可见，对任何开度既定的节流阀来说，影响流量的主要因素有以下几个。

（1）节流口前后的压差 Δp 对流量 Q 的影响最大。当负载变化时，由于阀后的压力也将改变，故普通节流阀的流量就将发生变化，并因此而使执行机构的速度相应改变。显然节流口越接近薄壁小孔，即当 m 值越接近于 0.5 时，Q 受 Δp 变化的影响就越小。

（2）油温的变化将会引起油液黏度的变化。对细长孔来说，当黏度减小时，流量就增加；而对薄壁孔来说，流量一般与黏度无关，只有当压差及流通截面较小，雷诺数低于临界值时，流量才会受黏度的影响。节流口通常多接近薄壁孔，故除流量较小时外，油温对流量的影响一般可忽略不计。

（3）油液的状况对流量的影响。当油液受压、受热或老化时，容易产生带极性的极化分子，而节流口的金属表面也带有正极电荷。因此，油液不断地通过节流口，就会在节流口处形成 5～10μm 的吸附层。该吸附层在一定压力和速度的作用下又会周期性地遭到破坏，因而也就会造成流量的不稳定。此外，油液中含有颗粒性杂质，则更是造成节流口阻塞的常见原因。因此，为了防止节流阀堵塞，就应使用不易极化的油液，注意防止油温过高；对油进行精滤，定期换用新油；减少每级节流口的压降；选用合适的阀和阀口材料（即采用电位差小的金属，例如，钢对钢就比钢对铜好）。此外，应尽可能选用薄壁型节流口，以提高抗堵塞能力。

在图 5-24 中，针式节流口[图 5-24（a）]和偏心槽式节流口[图 5-24（b）]的流道较长，较易堵塞，而且压差和油温变化对流量的影响较大，故仅适用于控制精度要求不高的场合。而轴向槽式[图 5-24（c）]和偏心缝隙式[图 5-24（d）]则具有较好的流量特性，相对来说，也不易堵塞，故应用较广。至于轴向缝隙式[图 5-24（e）]，由于可将其节流通道减薄到 0.07～0.09mm，故流量特性很好，并且控制流量的稳定性好。

图 5-25 所示为普通节流阀的结构与符号。当压力油从油口 P_1 流入时，经过阀芯上的三角形沟槽节流孔降压后，再从油口 P_2 流出。至于节流口的大小，则可通过转动调节螺母 4 来加以调节。

图 5-26 所示为单向节流阀的结构图和图形符号。当压力油从 P_2 口流入时，压力油推动阀芯 4 压缩弹簧 5，阀口全开，从 P_1 口流出。此时，三角槽形节流口不起作用，相当于一个单向阀。如果压力油由 P_1 口进入阀内，压力油经阀芯 4 上的轴向三角槽形节流口，从 P_1 口流出。弹簧 5 将阀芯紧压在顶杆上，当旋转螺母 1 使顶杆 2 上下移动时，阀芯也会上下移动，节流口的通流面积就会改变，流经阀的流量也会随之改变。

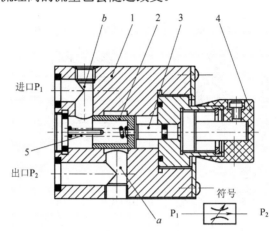

图 5-25 普通节流阀的结构与符号

1—阀体；2—阀芯；3—推杆；4—调节螺母；5—弹簧

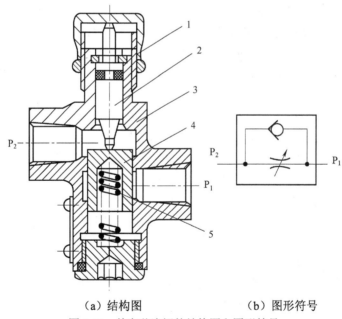

（a）结构图 　　　（b）图形符号

图 5-26 单向节流阀的结构图和图形符号

1—螺母；2—顶杆；3—阀体；4—阀芯；5—弹簧

2．调速阀

节流阀虽然可以通过改变节流口大小的办法来调节流量，但因阀前后压差可能会变化，以致于阀调定后并不能保持流量稳定。所以，对速度稳定性要求较高的执行机构来说，就不能以普通节流阀来作为调速之用。如果把定差减压阀和节流阀串联，或把定差溢流阀和节流阀并联，以使节流阀前、后压差近似保持不变，则节流阀的流量即可基本稳定，这样的组合阀就称之为调速阀。常用的调速阀有串联式调速阀和分路式调速阀两类。

1）串联式调速阀

串联式调速阀是由定差减压阀和节流阀串联而成的，简称为减压型调速阀。图 5-27 所示为其工作原理及符号。

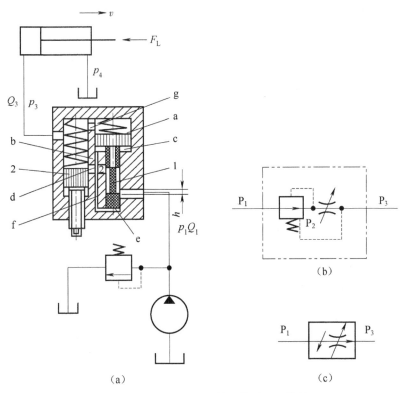

图 5-27   减压型调速阀的工作原理及符号

1—定差减压阀；2—节流阀

来自定压油源，压力为 p_1 的油液，先经定差减压阀 1 节流降压至 p_2，然后，再经节流阀 2 降压至 p_3。这样，如果使减压阀的阀口开度随节流阀前后压差($p_2 - p_3$)的变动而自动地进行调节，以使 p_2 和 p_3 之差基本保持恒定，则节流阀的流量也就可大体上保持稳定。

定差减压阀 1 的工作原理如下：主阀芯上端的油腔 a 通压力 p_3，主阀芯下端油腔 c 和 e 通压力 p_2，p_2 和 p_3 压力之差与主阀芯弹簧相平衡。当载荷 F_L 增大时，压力 p_3 升高，减压阀阀芯 1 即会因上端油腔 a 中的油压增加而下移，使减压阀的阀口 h 增大，于是 p_2 增加，但($p_2 - p_3$)基本上保持不变，因此通过节流阀的流量基本恒定；反之，如果载荷 F_L 减少，使 p_3 降低，则减压阀 1 的阀芯就会因上腔 a 的压力减小，而使主阀芯上移，将减压阀的阀口 h 关小，p_2 也就随之减小，但($p_2 - p_3$)基本上保持不变。因此，当主阀芯处于稳定平衡位置时，如果忽略不大的主阀芯重力、摩擦力和液动力，则可写出主阀芯上作用力的平衡方程式为

$$p_2 A = p_3 A + F_s \tag{5-5}$$

式中：A 为减压阀阀芯大端面积；F_s 为减压阀的弹簧张力。

则压力差为：$p_2 - p_3 = F_s / A$。

由于主阀芯的运动阻力不大，弹簧可以做得较软，而且阀芯的位移量也不大，所以弹簧张力 F_s 变化不大。这样一来，节流阀前后的压差($p_2 - p_3$)也就因此而基本保持不变，所以调速阀的流量也比较稳定。

串联式调速阀正常工作时，一般最少应保持($p_1 - p_3$) = 0.4M～0.5MPa，其中，节流阀压差约为($p_2 - p_3$) = 0.1M～0.3MPa。

2）分路式调速阀

分路式调速阀是由定差溢流阀和节流阀并联而成的，通常称为溢流型节流阀，其工作原理和符号如图 5-28 所示。

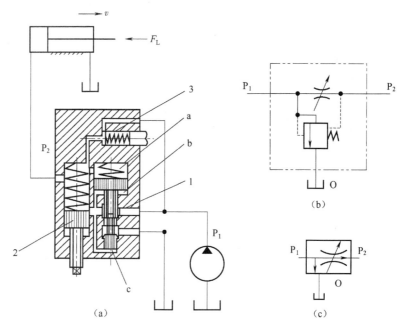

图 5-28　溢流型调速阀的工作原理和符号

1—溢流阀阀芯；2—节流阀；3—溢流阀

来自定量油源，压力为 p_1 的油液，从入口引入，经定差溢流阀 2 和节流阀控制后，供给执行机构。定差溢流阀与前面讲过的一般溢流阀不同，其溢流量是由节流阀前后的压力 p_1 和 p_2 之差来控制的，故能使 ($p_1 - p_2$) 大致保持恒定。其工作原理如下：溢流阀主阀芯的下油腔 b、c 和上方油腔 a 分别与节流阀的进口和出口相通，油压分别为 p_1 和 p_2。当 p_2 因负载增加而升高时，溢流阀 2 的阀芯就会因上方油压的升高而下移，使溢流阀阀口关小，通过阀口的溢流量减小，p_1 便升高，($p_1 - p_2$) 基本上保持不变；反之，当 p_2 减小时，溢流阀 2 的阀芯就会上移，使溢流量增加，p_1 与就随之减小，($p_1 - p_2$) 也基本上保持不变。溢流阀 2 的阀芯 2 上作用力的平衡方程式与串联式调速阀相同，弹簧力 F_s 和主阀芯的移动量也都不大，故当阀芯处在不同位置时，$p_1 - p_2 = F_s / A$ 的变化也就不大。

因为这种阀不是与定压油源而是与定量泵配合使用，为了防止负载过大时压力升得过高，故在节流阀的出口一般需设溢流阀 3，起安全限压作用。

分路式调速阀的流动损失和能量损失较小，工作压力低，但流量稳定性差一些。它能使油泵的排出压力 p_1 随负载而变，且比阀出口的压力高出不多，故功率损耗较少，油液的发热程度较轻，对流量稳定性要求并不很高的场合更为适用。

上述两种调速阀因能保持节流阀前后的压差基本恒定，故属压力补偿式调速阀。但如果油温变化较大，以致于使油的黏度变化较大时，那么，对流量就仍会产生影响。因此，在要求特别高的场合，就需要采用设有温度补偿杆以改变节流阀开度的温度补偿式调速阀。

根据 $Q = C_q A \Delta p^m$，当 Δp 不变时，由于温度升高，油的黏度降低，则 C_q 上升（$m \neq 0.5$ 的孔），因此应适当减小孔口面积才能保证流量不变，按照此原理，将节流阀阀芯和调整螺钉间安装补偿推杆，推杆采用膨胀系数较大的材料，如聚氯乙烯；当温度升高时，本来流量增大，由于推杆伸长，减小节流孔面积，从而补偿了温度的影响。温度补偿原理如图 5-29 所示。

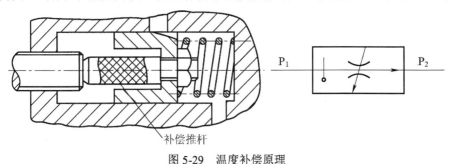

图 5-29　温度补偿原理

5.4　逻　辑　阀

逻辑阀是 1970 年后出现的一种新型开关式液压元件，又称为二通插装阀。它能实现常规液压控制元件的各种控制功能，并且适用于高压和大流量场合。与常规液压元件相比较，它具有重量轻、体积小、结构简单、通用性强、流动阻力小、切换时响应应快、冲击小、稳定性好、抗污染能力强和易于集成化等优点。

1. 逻辑阀的工作原理

逻辑阀一般是由阀体、阀芯和控制盖板组成的。其中，阀芯有采用球阀、滑阀和锥阀的，但锥阀芯使用较普遍。

图 5-30 所示为锥阀式逻辑阀的基本结构与符号。阀体 1 通常是集成阀块，在集成块的阀孔中装有阀套 2、阀芯 3 和弹簧 5，然后，用端盖 4 固定和密封。阀体上开有两个工作油口 A 和 B，用于连接主油路；端盖上有一个控制油口 K，通过此控制油口使阀芯上腔加压或卸油，即可使阀芯关闭或开启，其控制功能与液控式二位二通式换向阀基本相同。

逻辑阀的开启或关闭是由阀芯两端的作用力来决定的。阀芯两端作用力的平衡方程式可写成

$$F_s + F_y + p_K A_K = p_A A_A + p_B A_B \qquad (5\text{-}6)$$

式中：F_s 为弹簧力；F_y 为液动力，它是因为流过阀芯的液流动量变化所产生的对阀芯的轴向作用力，总是使阀趋向于关闭，但在阀关闭时液动力为零；p_A、p_B、p_K 分别代表 A、B、K 口的液压力；A_A、A_K、A_B 分别代表 A、K、B 口压力作用于阀芯上的作用面积，并且有 $A_B = A_K - A_A$。

当 A 口为进油口，B 口为出油口时，如果使控制腔和油箱相通，亦即 $p_K = 0$，则轴向力 $p_A A_A + p_B A_B > F_s + F_y$，于是阀芯被抬起，A 口的压力油也就得以自由地流向 B 口。反之，当 B 口为进油口，A 口为出油口时，如果使 K 口与油箱相通，则阀芯同样也将打开，这样 B 口的压力油就将流向 A 口。

但是，如果将控制油液引入 K 口，且 $p_K \geqslant p_A$ 或 $p_K \geqslant p_B$，则 $p_K A_K > p_A A_A + p_B A_B$，再加上 F_s 的帮助（阀在开启状态时还有液动力 F_y 的作用），即可使阀关闭。

将逻辑阀的控制油口 K 接入适当的控制油路，即可组成各种控制机能的阀件。

2. 逻辑阀用作方向控制阀

如果将上述逻辑阀配以不同功能的控制盖板，或在控制油口 K 处配以不同的电磁换向阀作为先导阀，就可组成各种控制机能的方向控制阀。

用作方向控制阀的逻辑阀有内控式和外控式两种。其中，内控式逻辑阀的控制油压来自主油路 A 或 B 口，使用比较普遍。而外控式逻辑阀的控制油压引自另外的控制油源。当逻辑阀只用于控制 A→B 一个方向的流动时，常使阀芯的上下面积之比 $A_A : A_K = 1:1.2$；而当逻辑阀用于既控制 A→B，又控制 B→A 两个方向的流动时，常选取 $A_A : A_K = 1:2$ 的阀芯，即 $A_A = A_B$ 的阀芯。

图 5-31 所示为由逻辑阀实现的单向阀的结构和符号。由图可知，其功能控制盖板使阀体的控制油口 K 和 B 口相通，则逻辑阀变成为只允许 A 口向 B 口流动的单向阀。

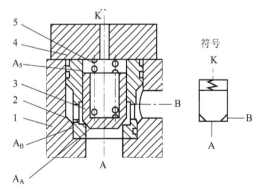
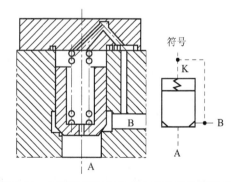

图 5-30　锥阀式逻辑阀的基本结构与符号　　图 5-31　由逻辑阀实现的单向阀的结构和符号

1—阀体；2—阀套；3—阀芯；4—端盖；5—弹簧

图 5-32 所示为由逻辑阀与电磁换向阀组合而成的二位三通、三位四通电液换向阀及其符号。

3. 逻辑阀用作压力控制阀

如果在上述锥阀式逻辑阀的控制油口 K 上，配上先导式调压阀，则可实现压力控制阀的功能。

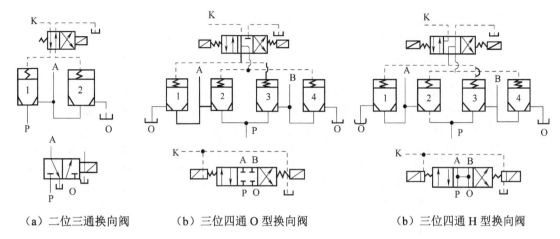

（a）二位三通换向阀　　　（b）三位四通 O 型换向阀　　　（b）三位四通 H 型换向阀

图 5-32　由逻辑阀与电磁换向阀组合而成的电液换向阀及其符号

图 5-33 所示为由逻辑阀和先导式溢流阀组成的溢流阀及其代表符号。由图可知，在这种逻辑阀的阀芯上带有阻尼孔 a，阀芯面积之比通常选取 $A_A : A_K = 1 : (1.08 \sim 1.10)$。其工作原理与图 5-19 所示的先导式定值减压阀完全相同，这里不再赘述。

4. 逻辑阀用作流量控制阀

图 5-34 所示为由逻辑阀组成的一种具有压力补偿作用的流量调节阀。它由一个锥阀式逻辑阀构成的简单节流阀 1 和一个起压力补偿作用的滑阀式定差溢流阀 2 所组成。当 A 腔压力油经阀 1 流向 B 腔并经节流时，节流阀 1 前后的油压就会分别作用在定差溢流阀 2 的滑阀上下两端，使定差溢流阀具有一定的开度而溢流。当$(P_A - P_B)$增大时，定差溢流阀 2 的滑阀的开度也将增加，并使溢流量增大，因而也就阻止了$(P_A - P_B)$的增大；而当$(P_A - P_B)$减小时，由于定差溢流阀 2 的滑阀的开度关小，溢流量随之减小，因而又会阻止$(P_A - P_B)$的进一步减小。由此可见，这种阀的工作原理与前述的溢流型调速阀（图 5-28）相同。

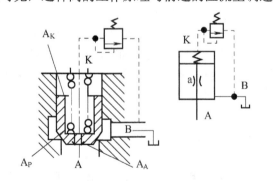

图 5-33　由逻辑阀和先导阀组成的溢流阀及其代表符号

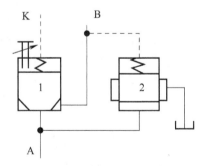

图 5-34　由逻辑阀组成的流量调节阀

1—节流阀；2—定差溢流阀

图 5-35 所示为由一种阀芯不带阻尼孔的逻辑阀所构成的节流阀和单向节流阀。这种阀在阀盖上增设有调节螺杆，借以限制主阀芯的开启度，从而起到节流作用。

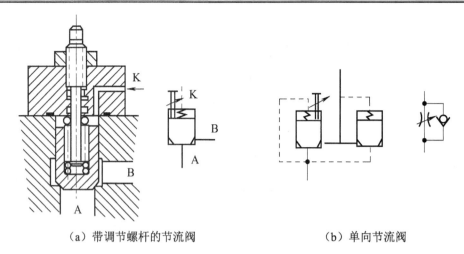

（a）带调节螺杆的节流阀　　　　　　　（b）单向节流阀

图 5-35　由逻辑阀所构成的节流阀和单向节流阀

5.5　比例控制阀

比例控制阀简称为比例阀，它是在普通压力控制阀、方向控制阀和流量控制阀的基础上，加装了可以按电气信号自动地连续控制的比例电磁铁，用以代替原有的调节控制部分，它可以按输入电气信号连续地按比例地对油液的压力、流量和方向进行控制。它是介于普通开关式控制阀和电液伺服阀之间的一种液压控制阀件，只是控制精度和控制品质不及电液伺服阀，但其结构简单，价格便宜，使用维修方便，因而在液压控制系统中得到了越来越广泛的应用。

根据性能特点和用途的不同，比例阀可分为比例压力阀、比例流量阀和比例换向阀三大类。

1. 比例压力阀

比例压力阀包括比例溢流阀和比例减压阀等。图 5-36 所示为比例溢流阀的结构、符号和性能曲线。它是由直流比例电磁铁 1 和直动式溢流阀 6 组合而成的。其工作原理与普通溢流阀的工作原理相似，只是采用了比例电磁铁代替手动调节去控制弹簧 4 的预压缩量。当输入一个电流信号 I 时，比例电磁铁将产生一个与 I 成正比的电磁力 $F = KI$，其中，K 为比例电磁铁的比例系数。该电磁力 F 与锥阀芯 5 上的液压作用力 pA 相平衡，即

$$p = \frac{KI}{A} \tag{5-7}$$

式中：A 为锥阀的承压面积。

由式（5-7）可知，比例溢流阀控制的压力 p 是与输入电流信号 I 成正比的；若电流 I 连续地按一定规律变化，则比例溢流阀所控制的液压力 p 也将随之连续地按一定规律变化。其特性曲线 p-I 如图 5-36（c）所示。p 随 I 变化的关系曲线基本上是线性的，但由于磁路中的磁滞效应和油液黏性摩擦阻力的存在，使得 p-I 的上升和下降的曲线不重合，形成了一定的磁滞和死区回环。特性曲线中的 Oa 线段表示比例电磁铁输入电流为零时，需要一定的进口压力 p_0 去克服阀座上小孔 d 的压力损失；Oc 线段表示比例电磁铁为了克服阀运动中的黏滞摩擦力所需的

输入电流 I_0。

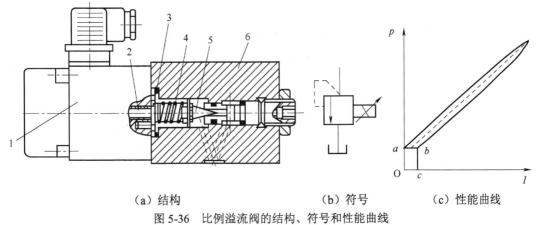

（a）结构　　　　　　　　（b）符号　　　　（c）性能曲线

图 5-36　比例溢流阀的结构、符号和性能曲线

1—比例电磁铁；2—推杆；3—弹簧座；4—弹簧；5—锥阀芯；6—直动式溢流阀

上述比例溢流阀可作为先导式比例溢流阀[图 5-37（a）]使用，也可作为先导式比例减压阀[图 5-37（b）]使用。此外，比例压力阀还可以用来控制变量泵或变量液压马达，使其排量随输入电流信号按比例地连续变化。

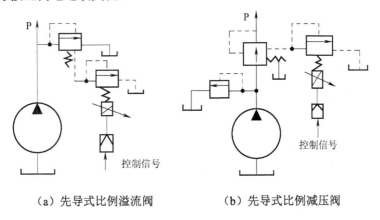

（a）先导式比例溢流阀　　　　　　（b）先导式比例减压阀

图 5-37　比例压力阀

先导式比例溢流阀结构如图 5-38 所示。

2. 比例流量阀

图 5-39 所示为比例流量阀的结构和符号。它是由调速阀 2 和一个控制节流阀开度的比例电磁铁 1 组成的。当输入电流信号为 I 时，比例电磁铁产生的电磁力 $F = KI$。当电磁力 F 推动节流阀阀芯 3 左移，直到电磁力与弹簧力相平衡为止，阀芯便处于平衡状态，节流阀的开口量 x 与电流信号 I 成正比，有

$$x = \frac{K}{K_s} I \qquad (5-8)$$

式中：K 为比例电磁铁的比例系数；K_s 为节流阀弹簧的刚度。

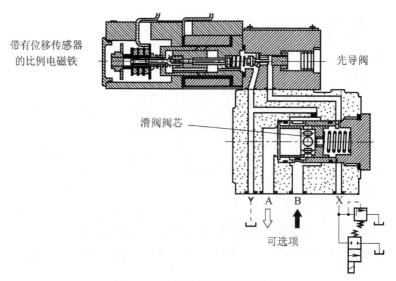

图 5-38　先导式比例溢流阀结构

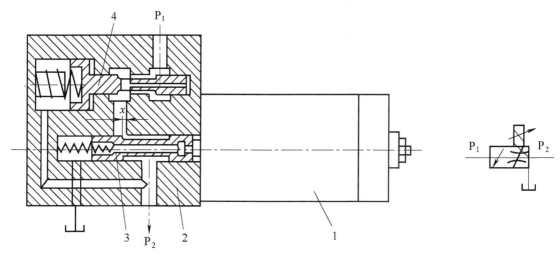

图 5-39　比例流量阀的结构和符号

1—比例电磁铁；2—调速阀；3—减压阀阀芯；4—减压阀

通过节流阀的流量 Q 为

$$Q = C\frac{K}{K_s}\pi d\Delta p^m I \tag{5-9}$$

式中：C 为节流阀的流量系数；d 为节流阀阀芯直径；Δp 为节流阀前后压差；m 为节流口指数，薄壁小孔型 m 取 0.5，细长孔型 m 取 1，其他型式的节流口 m 取 0.5～1。

由于调速阀中的减压阀阀芯 4 保证使节流孔前后压差 Δp 基本恒定，所以，比例流量阀的输出流量与输入电流信号成正比。若电流信号 I 连续地按一定规律变化，则流量 Q 也随之按比例地连续变化，从而使执行元件的运动速度也随电流信号 I 以同一规律变化。

3. 比例换向阀

图 5-40 所示为比例换向阀的结构和符号。它是由比例电磁铁 1、减压阀阀芯 2 和液动阀芯 3 组成的。比例减压阀在这里相当于普通电液换向阀的先导阀。

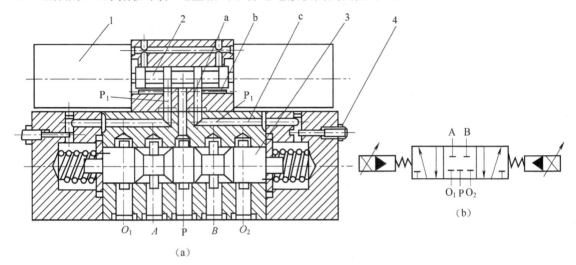

图 5-40　比例换向阀的结构和符号

1—比例电磁铁；2—减压阀阀芯；3—液动阀芯；4—节流阀

比例换向阀的工作原理与普通电液换向阀相似。当左边比例电磁铁输入电流信号 I 时，推杆推动减压阀阀芯 2 右移，压力油 P 经减压阀口后成为 p_1，再经孔 a 和 c 分别流到液动阀芯 3 的右端，推动液动阀芯左移，主油路压力油 P 与 B 接通，A 与油箱相通。在油路 a 上设有反馈孔 b，将减压后的压力油 p_1 经 b 孔引入减压阀芯的右端，p_1 作用于减压阀阀芯 2 的面积 A_J 上产生的力 $p_1 A_J$ 与比例电磁铁的电磁力 $F = KI$ 相平衡时，减压阀阀芯 2 便保持在某一开口位置，这时有

$$p_1 = \frac{K}{A_J} I \tag{5-10}$$

对于液动换向阀来说，当 p_1 作用在液动阀芯 3 的右端面积 A 上，与左端弹簧力 F_s 相平衡，对应于液动阀芯 3 也有一个开口度 x，即有

$$p_1 A = F_s = K_s (x_0 + x) \tag{5-11}$$

式中：K_s 为弹簧刚度；x_0 为液动阀芯 3 处于中位时弹簧的预压缩量。

由式（5-11）整理得

$$x = \frac{KA}{K_s A_J} I - x_0 \tag{5-12}$$

液动换向阀的流量 Q 为

$$Q = C\pi d x \Delta p^m = C\pi d \left(\frac{KA}{K_s A_J} I - x_0 \right) \Delta p^m \tag{5-13}$$

式中：C 为液动换向阀阀口的流量系数；d 为液动换向阀阀芯的直径。

由此可见，电液比例换向阀的流量与输入电流信号 I 成正比。同理，当右边比例电磁铁输入电流信号 I 时，则主油路压力 P 通 A 孔，B 孔通油箱。因此，比例换向阀的流量大小和液流方向随输入电流信号的大小和方向而改变，它既可用来改变液流的方向，即进行换向，又可以用来改变流量的大小，即起调速控制作用。

比例换向阀的两端还设有节流阀 4，用来调节液动阀芯 3 的换向速度，这与普通电液换向阀相似。此外，比例换向阀与普通换向阀一样，也可以有不同的通路数和各种中位机能。

从上面介绍的几种比例控制阀的工作原理可知，它们是在普通的液压控制阀的基础上发展起来的，能实现液流的压力、流量和方向随电流信号成正比地控制，从而实现执行机构输出力和运动速度的远程控制。采用比例控制阀使液压系统的油路大为简化，对油液的清洁度也无过高的要求，工作可靠，维护方便。

5.6   液压伺服控制系统和电液伺服阀

1. 液压伺服控制系统

液压伺服控制系统是在液压传动和自动控制理论基础之上发展起来的一种流体自动控制系统。它除了具有液压传动系统的各种优点外，还具有反应快、系统刚度大和伺服跟踪精度高等优点，因而在各种工业装备行业得到了广泛应用。

液压伺服控制系统，又称为液压随动系统。在此系统中，液压执行元件的运动，也就是控制系统的输出量（包括位移、速度、加速度和力），能自动、快速和准确地复现输入量的变化规律。同时，液压随动系统还起着信号的功率放大作用，因此它也是功率放大装置。

图 5-41 所示为一简单液压传动系统，它由一个滑阀控制液压缸，推动负载运动。当给阀芯个向右的位移 x_i 时，则滑阀产生一开口量 x_v，此时，压力油进入液压缸右腔，液压缸左腔的油液，经过滑阀后回油箱，推动缸体向右移动，即使负载产生向右的位移 x_p。这输出位移 x_p 和输入位移 x_i 的大小无直接关系，而只与液压缸的结构尺寸有关。

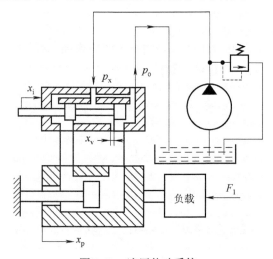

图 5-41   液压传动系统

若上述滑阀和液压缸组成一个整体，构成反馈通道，则图 5-41 所示的系统变成为一简单液压伺服系统，如图 5-42 所示。如果控制滑阀处于中间位置（零位），即输入信号 $x_i = 0$，此时，阀芯凸肩恰好堵住液压缸的两个油口，缸体不动，负载保持不动，位移 $x_p = 0$，系统处于静止平衡状态。

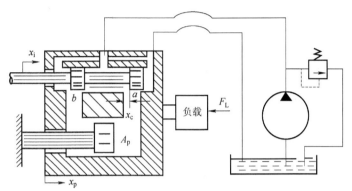

图 5-42　液压伺服系统

如果给控制阀芯一个向右的位移动信号 x_i，阀芯偏离其中位置，液压缸的两个油口 a 和 b 同时打开，经过控制阀芯的阀口节流，阀的开口量为 x_v，液压缸在油压作用下产生一个向右的位移 x_p。此时，系统处于不平衡状态。

由于控制滑阀阀体和液压缸缸体固定在一起，因此，随着液压缸缸体位移量 x_p 的增加，阀的开口量 x_v 逐渐减少。当 x_p 增加到与 x_i 相同时，阀的开口量 $x_v = 0$，液压缸的两个油口封闭，负载停止运动，并保持在一个新的平衡位置上。

如果继续给控制滑阀向右的输入信号 x_i，液压缸将会跟踪输入信号 x_i，使负载的位移 $x_p = x_i$。反之，若控制滑阀输入一个向左的信号 x_i，则液压缸就会带动负载跟踪向左，使 $x_p = x_i$。

由此可见，在液压伺服系统中，滑阀不动，液压缸也不动，滑阀位移多少，液压缸也跟着位移多少；滑阀向哪个方向移动，液压缸也向哪个方向移动。只要给控制滑阀按某一规律变化的输入信号，则执行元件（系统输出）就自动地、准确地跟随控制滑阀，按照相同规律运动，这就是液压伺服系统的基本原理。

一般的液压伺服系统是由以下几个基本元件组成的，并可用图 5-43 所示的方框图来描述。

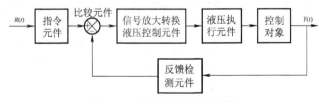

图 5-43　液压伺服系统方框图

（1）指令元件：给出与反馈信号具有相同形式和量纲的控制信号。一般使用指令电位器、计算机或其他电器。

（2）反馈检测元件：检测被控参数，供给控制系统反馈信号。一般使用反馈电位器、测速电机或其他类型的传感器。

（3）信号放大转换与液压控制元件：把偏差信号加以放大，并进行电-液、机-液或气-液等形式的能量转换，变成为液压信号（压力和流量），控制执行元件运动。

（4）比较元件：把控制信号与反馈信号加以比较，给出偏差信号。比较元件有时与输入元件、反馈检测元件及放大器集成在为一体，由一个控制元件来完成。例如，图 5-42 所示的滑阀，可同时完成输入、比较和放大三种功能。

（5）液压执行元件：直接对被控对象施加控制作用的元件。例如液压缸和液压马达等。

（6）控制对象：是指液压伺服系统的控制对象，例如，泵变量油缸或执行元件（液压缸）。

此外，液压伺服系统中还可能有各种校正装置、能源供给装置和其他辅助装置等。

2. 电液伺服阀

电液伺服阀是液压伺服控制系统中必不可少的控制元件之一。它将功率很小的电流信号放大并转化为液压功率输出。电液伺服阀的输入是电流信号，输出的液压信号（流量或压力）与输入电流信号成正比，输出液流的方向则取决于电流信号的极性。电液伺服阀可分为流量型和压力型两种。其中，流量型电液伺服阀控制输出的流量与输入电流信号成正比；压力型电液伺服阀控制输出的压力与输入电流成正比。通常，流量型电液伺服阀的应用更广泛一些。

电液伺服阀的结构形式很多，最常见的是具有两级放大器的流量型电流伺服阀。该阀主要是由以下三部分组成的。

（1）电气-机械转换器：它将电流信号转换成机械量（一般是位移或力），例如力矩马达。

（2）液压前置放大级：它将电气-机械转换器的输出机械量信号放大为液压信号，驱动下一级液压功率放大级。常见的前置放大级有喷嘴挡板式和射流管式两种。例如，CDY1 和 CDY2 型电液伺服阀采用喷嘴挡板式前置放大级；CSDY1 型电液伺服阀则采用射流管式前置放大级。

（3）液压功率放大级：它是电液伺服阀的主阀芯，其输出的液压信号与输入电流信号成正比。液压功率放大级一般采用通流能力较大的圆柱形滑阀。

1）CDY1 型喷嘴挡板式电液伺服阀

图 5-44 所示为 CDY1 型喷嘴挡板式电液伺服阀的结构示意图。它采用了衔铁式力矩马达作为电气-机械转换器，采用了喷嘴挡板作为液压前置放大级，采用了圆柱型滑阀作为液压功率放大级。

在力矩马达中，永久磁铁与导磁体形成磁回路。当线圈中通入电流时，衔铁被磁化，在衔铁磁场与永久磁场的相互作用下，衔铁受磁力矩作用，以弹簧管作为支点偏转，其偏转力矩与线圈中的电流成正比（若两线圈差动连接时，偏转力矩与差动电流成正比），偏转方向取决于电流极性或差动电流极性。这种衔铁式力矩马达结构紧凑，但衔铁偏转角有限，不能直接驱动液压功率放大级，需设置一喷嘴挡板式前置放大级。

喷嘴挡板式前置放大级是由两个固定节流孔、两个喷嘴和一个挡板组成的。挡板的偏转是由上述力矩马达来驱动的。压力油 P_s 分别经过两个固定节流孔和喷嘴挡板之间的间隙，然后流回油箱。当输入电流信号为零时，挡板位于两喷嘴的正中间，压力油 P_s 经过两固定节流孔和两喷嘴的流量相等，两固定节流孔后的压力相等，即液压功率放大级主阀芯左、右两端的压力 P_1 和 P_2 相等，主阀芯处于中位（即零位），电液伺服阀输出的流量为零。当输入电流信号不为零时，衔铁将带动挡板以弹簧管为支点偏转。假设电流极性为正时，衔铁顺时针方向偏转；则左喷嘴与挡板之间的间隙减小，而右喷嘴与挡板之间的间隙增大，导致主阀芯左端压力 P_1 升高，而右端压力 P_2 降低。主阀芯在压差力 $(P_1 - P_2)$ 作用下向右移动，通过与挡板相连的反馈杆，使挡板与衔铁逆时针方向偏转，从而使左喷嘴与挡板之间的间隙由小变大，右喷嘴与挡板之间的间隙由大变小，主阀芯左右端的压差力 $(P_1 - P_2)$ 也减小。当主阀芯右移到一定的开口度时，主阀芯左右两端的压差力减少到一定程度，通过反馈杆作用于挡板上产生反馈力矩，与弹簧杆的弹性力矩，以及喷嘴上油压差作用于挡板上的力矩之和，将与力矩马达产生的电磁力矩相平衡。这时，主阀芯、挡板和衔铁都将达到新的平衡位置。上述响应过程是在瞬间完成的。主阀芯已偏移中位（零位），其偏离零位的位移就是主阀的开口度。可以证明，主阀芯的位移与力矩马达的电磁力矩成正比，即与输入电流信号成正比。此外，还可以证明，在负载一定时，电液伺服阀的输出流量与主阀芯的开口度成正比，即与输入电流信号成正比，输出流量的方向取决于输入电流的极性。若力矩马达中的两个线圈采取差动连接方式，两线圈中的电流分别是 I_1 和 I_2 时，电液伺服阀输出的流量就与 $(I_1 - I_2)$ 成正比，输出流量的方向取决于差动电流 $(I_1 - I_2)$ 的极性。

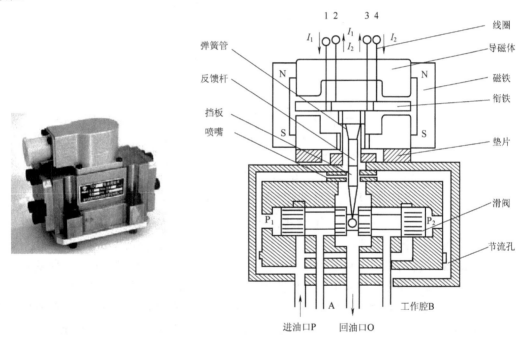

图 5-44　CDY1 型喷嘴挡板式电液伺服阀的结构

2）CDY2 型喷嘴挡板式电液伺服阀

CDY2 型喷嘴挡板式电液伺服阀的结构如图 5-45 所示。其工作原理和结构与 CDY1 型电液伺服阀基本相同，差别仅在于喷嘴挡板的反馈方式之不同。CDY1 型电液伺服阀采用主阀芯的位移，通过反馈杆对挡板施加力的反馈，而 CDY2 型电液伺服阀则利用变量柱塞泵的伺服活塞的位移，对挡板施加力的反馈。CDY2 型电液伺服阀将控制变量柱塞泵伺服活塞的位移与力矩马达的输入电流信号成正比（在差动连接方式下，控制变量柱塞泵伺服活塞的位移与差动电流成正比），而伺服活塞的运动方向和斜盘倾角改变的方向则由电流（或差动电流）的极性所决定。

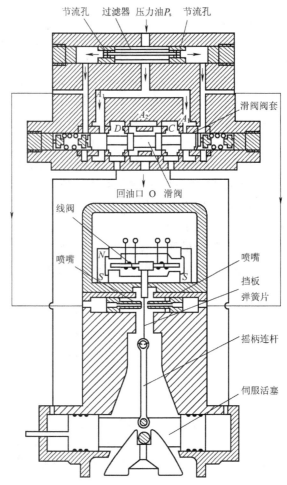

节流孔　过滤器　压力油P_s　节流孔

滑阀阀套

回油口　O　滑阀

线阀

喷嘴　喷嘴

挡板

弹簧片

摇柄连杆

伺服活塞

图 5-45　CDY2 型喷嘴挡板式电液伺服阀的结构

如图 5-45 所示，压力油 P_s 经过过滤器、两个固定节流孔和喷嘴挡板的间隙后，流回油箱。当力矩马达的输入电流信号为零时，挡板处于两喷嘴的中间，主阀芯左、右两端的压力相等，主阀芯在两端对中弹簧作用下处于中位（零位），电液伺服阀输出的流量为零，变量柱塞泵的伺服活塞处于零位，变量柱塞泵的斜盘倾角为零，变量柱塞泵输出的流量为零。

假设力矩马达输入电流极性为正时，使力矩马达衔铁按顺时针方向偏转，则左喷嘴与挡板之间的间隙减小，右喷嘴与挡板之间的间隙增大，使主阀芯左端压力高于右端压力，主阀芯在压差力作用下克服对中弹簧力，向右移动，直到压差力与弹簧力平衡为止。此时，压力油 P_s 经右边阀口进入 C 腔，即进入变量柱塞泵的伺服活塞右腔，推动伺服活塞向左移动，而伺服活塞左腔的油液经 D 腔和主阀左阀口节流回油箱。在伺服活塞向左移动时，带动摇柄连杆顺时针方向偏转，再通过扭力弹簧反作用于挡板上，使挡板在两喷嘴之间的偏转量减小，主阀芯两端的油压差随之减小，主阀芯离开中位的偏移量减小，直到作用在弹簧片（挡板）上的反馈力矩、电磁力矩和两喷嘴的压差力形成的力矩相平衡为止。此时，挡板处于两喷嘴的近似中间位置，主阀芯在对中弹簧作用下也回到中位附近，从而切断油孔 A_1 与 C 腔和油孔 A_2 与 D 腔的通道，变量柱塞泵伺服活塞停止运动，保持一定的位移量与输入力矩马达的电流信号成正比。

而伺服活塞的位移对应于斜盘处于某一倾角，变量柱塞泵输出的流量与伺服活塞的位移量近似成正比，也与输入电流信号近似成正比。输出流量的方向取决于输入电流信号的极性。当力矩马达的两个线圈差动连接时，变量柱塞泵的输出流量与两线圈电流之差近似成正比，输出流量的方向取决于两线圈电流之差的极性。

3）CSDY1 型射流管式电液伺服阀

CSDY1 型射流管式电液伺服阀的结构如图 5-46 所示。它采用了抗油液污染能力较强的射流管作为前置放大级。压力油 P_s 的一路经过过滤器进入射流管喷嘴，流向射流管接受器；另一路供给液压功率放大级，输出一定的流量与输入电流信号近似成正比。当力矩马达输入电流信号为零时，衔铁与射流管处于中位（零位），射流管接受器左腔压力与右腔压力相等，主阀芯处于中位（零位），电液伺服阀输出流量为零。当输入力矩马达的电流信号极性为正，使衔铁带动弹性射流管顺时针方向偏转时，射流管接受器左腔压力升高，右腔压力下降，主阀芯在左、右两端压差力作用下右移，产生主阀阀口一定的开口度。同时，主阀芯向右位移，通过反馈杆带动射流管逆时针方向偏转，从而减小射流管向左边的偏移量。当力矩马达产生的电磁力矩与主阀芯反馈力矩相平衡时，射流管的偏移量和主阀芯的开口度保持稳定，并与输入电流成正比，所以，电液伺服阀输出的流量与主阀芯的开口度成正比，也就是与输入电流的大小成正比，而输出流量的方向取决于输入电流的极性。若力矩马达的两线圈差动连接，则电液伺服阀输出的流量与差动电流成正比，输出流量的方向取决于差动电流的极性。

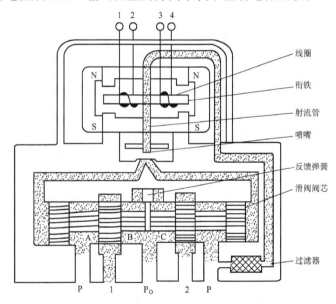

图 5-46　CSDY1 型射流管式电液伺服阀的结构

习　题

5-1　调速阀和旁通型调速阀（溢流节流阀）有何异同点？

5-2　溢流阀在液压系统中有何功用？

第6章 辅 助 元 件

在液压系统中，除了液压泵、执行元件、各种阀件之外，还需要一些辅助元件，才能构成一个完整的系统。这些辅助元件包括滤油器、油箱、热交换器、油管、管接头和蓄能器等。这些辅助元件在液压系统中起着各种各样不容忽视的作用，如果使用不当，也会使液压系统不能正常工作，或降低系统性能，因此，必须给予辅助元件以足够的重视。

6.1 滤 油 器

液压系统的油液中经常存在各种污染物。例如，液压系统装配时残留在元件和管道中的金属切屑、锈垢、橡胶颗粒、油漆片、棉纱等外部污染物；零件磨损的脱落物，以及油液因理化作用的生成物，这些属于内部产生的污染物。各种污染物的存在，轻则加速元件的磨损、擦伤密封元件、影响元件及系统性能和使用寿命；重则堵塞节流孔，卡住阀类元件，使元件动作失灵以至损坏。绝对干净的油液是不存在的，但为了保证液压系统正常的工作寿命和工作可靠性，必须对系统中油液污染物的颗粒大小和数量加以控制。液压系统中设置滤油器的目的就在于不断净化油液，使油液的污染程度控制在允许的范围内。

对滤油器的要求有以下几点。

（1）能满足液压系统对油液过滤精度的要求。过滤精度是指油液通过滤油器时，滤芯能够滤除的最小杂质颗粒度的大小，以杂质的颗粒直径尺寸来表示，通常单位用微米（μm）。过滤颗粒越小，滤油器的过滤精度越高。粗滤器可过滤 100μm 以上的颗粒，普通滤器为 10μm，精滤器为 5μm，特精滤器为 1μm。液压系统的压力不同，要求的过滤精度也不同。工作压力小于 2.5MPa 时，过滤精度要求为 100μm；工作压力低于 7MPa 时，过滤精度要求为 50μm；工作压力低于 10MPa 时，过滤精度要求为 25μm；工作压力大于 20MPa 时，过滤精度要求 10μm。对于液压伺服系统，过滤精度一般要求 10μm 以下。液压泵不同，过滤精度要求也不同，齿轮泵过滤精度要求为 50μm，柱塞泵要求为 20μm。

（2）滤油器要有足够的过滤能力。即在一定压降下（滤油器进口、出口间的压力差）允许通过滤油器的最大流量。一般情况下，滤油器的通流面积越大，过滤能力越强。如果滤油器安装在液压泵的吸油管上，其过滤能力应为泵流量的两倍以上。

（3）滤油器的过滤阻力应尽可能小。

此外，滤油器的机械强度、耐腐蚀性要好，还应易于清洗和方便地更换滤芯。

以上要求有的是相互影响、互相制约的。同一滤油器的流量大则过滤阻力大，过滤精度降低。滤油器使用时间越长，过滤阻力也越大，通过流量将会降低。这时，应及时清洗或更换滤芯。油液黏度小，通流量大，过滤精度也好。一般滤油器装在冷却器前会有更好的过滤效果。

滤油器按作用方式不同可分为机械式滤油器和磁性滤油器。机械式滤油器又可分为网式滤油器、线隙式滤油器、纸芯式滤油器、金属烧结式滤油器等。机械式滤油器主要依靠过滤介质阻挡杂质通过，而磁性滤油器则依靠过滤介质的磁性吸附油液中的铁磁性杂质。常常将磁性滤油器与机械式滤油器联合使用。下面分别介绍几种典型滤油器的结构及使用。

1. 网式滤油器

网式滤油器的结构如图 6-1 所示。它的过滤介质是铜丝网，是用黄铜或磷青铜丝纺织成的平纹或斜纹的金属网蒙在骨架上做成的。滤油器是由上盖 2、下盖 6、一层或几层铜丝网 5 和四周开有若干个大孔的金属或塑料筒形骨架等组成的。其过滤精度与铜丝网的网孔大小和层数有关。

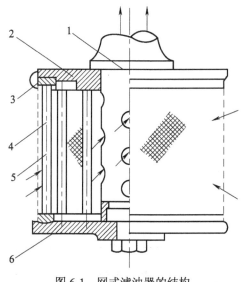

图 6-1　网式滤油器的结构

1—壳体；2—上盖；3—密封圈；4—筒形骨架；5—铜丝网；6—下盖

这种滤油器结构简单，流通能力大，压力损失小，容易清洗，但过滤精度不高，一般作为粗滤器使用，主要用于油泵吸油口前，放在油箱中，避免油泵吸入较大颗粒的机械杂质。

2. 线隙式滤油器

线隙式滤油器的结构如图 6-2 所示，其滤芯是用带有孔眼的筒形骨架外面绕有铜丝或铝线构成的，利用金属丝间的缝隙来过滤油液。其过滤精度取决于金属丝间的间隙，故称之为线隙式滤油器。常用的过滤精度有三个等级，即 $30\mu m$、$50\mu m$、$80\mu m$。在额定流量下，压力损失为 0.03～0.06MPa，精密的线隙式滤油器的过滤精度可达 $20\mu m$，但压力损失会有所增大。

这种滤油器的特点是结构简单，过滤精度比网式滤油器好，油液通流能力大，其应用较为普遍。但缺点是不易清洗。

3. 纸芯式滤油器

图 6-3（a）所示为纸芯式滤油器的结构图。它利用木浆或酚醛树脂处理过的微孔滤纸来

清除油液中的杂质。为了增加通流面积（过滤面积），常把滤纸折叠成辐射形的波纹状，如图 6-3（b）所示。微孔滤纸 1 的厚度一般为 0.35～0.75mm，镀锌铁皮骨架 2 上开有许多孔洞。油液从纸芯外周沿径向通过纸芯和骨架进入中心孔，然后流出。为了防止过滤过程中的纸质纤维被油液带走，有些纸芯还用丝织物包起来。纸质滤芯的过滤精度高，可达 5～20μm。但由于滤芯是由多层纸做成的，故通油能力差，易于被杂质堵塞微孔，堵塞后又无法清洗，只能定期及时更换纸质滤芯。

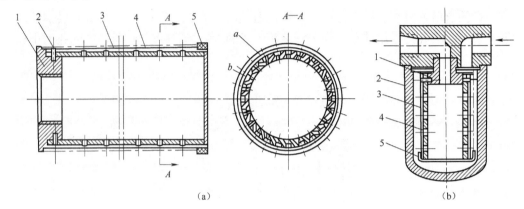

（a）　　　　　　　　　　　　　　　　　（b）

1—安装口；2—壳体；3—金属丝；4—筒形骨架；5—封头；a, b—油液通道

图 6-2　线隙式滤油器的结构

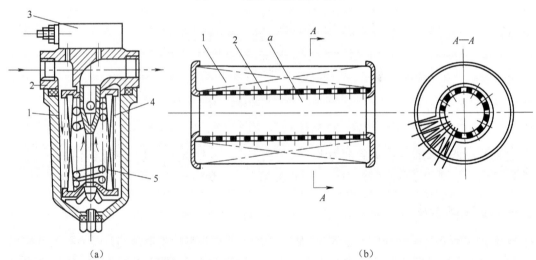

（a）　　　　　　　　　　　　　　　　　（b）

1—壳体；2—接口；3—堵塞发讯器；　　　　　1—纸芯；2—骨架；a—油液通道
　4—纸芯；5—弹簧骨架

图 6-3　纸芯式滤油器和滤芯

　　纸芯式滤油器适用于要求过滤精度很高的液压系统，其压力损失为 0.01～0.04MPa，是目前广泛使用的一种滤油器。由于纸质滤芯易于堵塞，为了及时发现和掌握滤芯堵塞情况，及时更换纸芯，避免堵塞严重而击穿纸芯，这种滤油器上安装有压差发讯装置。当滤芯有堵塞时，其进、出口油压差便会增大，等进、出口油压力差超过 0.35MPa 时，便发出电信号报警，提醒操作者及时更换滤芯。

4. 金属烧结式滤油器

图 6-4 所示为一种管状滤芯的金属烧结式滤油器的结构。这种滤油器的滤网是由青铜等球形颗粒（粉末）压制成型和经烧结后做成的。利用金属颗粒之间的微孔过滤掉油中的杂质。金属微粒的尺寸大小决定了滤油器的过滤精度。一般过滤精度为 $10\sim100\mu m$，最高可达 $5\sim10\mu m$，压力损失为 0.09～0.2MPa。滤芯的形状可以压制成环形状、管状、板状和碟状等各种形式。

金属烧结式滤油器与其他滤油器相比，具有强度高、耐高压、抗冲击和性能稳定的优点，并有良好的抗腐蚀性和抗振性能。其缺点是，若有金属颗粒脱落，反而增加油液的污染。使用烧结式滤油器要经常清洗滤芯，清洗工作量大，应将滤芯先用煤油或汽油浸泡，刷洗后还要用洁净的压缩空气吹洗干净，才能重新使用。

5. 磁性滤油器

磁性滤油器是利用永久磁铁对导磁物质的吸引力，清除混在油液中的铁末杂质，其结构如图 6-5 所示。其芯棒 2 为非导磁金属制成，在芯棒外周套装着永久磁铁 3，在磁铁外周有套筒 5，套筒为非导磁金属制成。上盖 1 和下盖 6 由导磁金属制成。在套筒 5 的外周，从下至上装有 7～9 个铸钢环 4，铸钢环上开有四圈小孔，每个环由两个半圆环对合而成。上下环之间由铜条连在一起。整个外壳是由非导磁金属（铜或铝）制成的。铸钢环在永久磁铁所产生的磁场上被磁化。当导磁杂质（铁末）和油液一起从铸钢环之间间隙通过时，导磁杂质则被吸附于铸钢环的表面上。由于铸钢环是两半圆环对合而成的，所以，拆洗很方便。

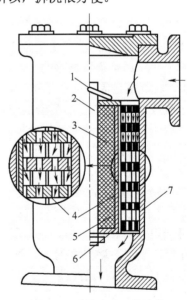

图 6-5　磁性滤油器的结构

1—上盖；2—芯棒；3—永久磁铁；
4—铸钢环；5—套筒；6—下盖；7—壳体

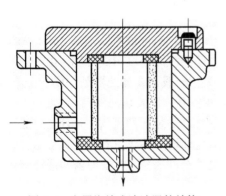

图 6-4　金属烧结式滤油器的结构

磁性滤油器对于导磁铁末的过滤精度可达 $2\sim25\mu m$，其压力损失不超过 0.025MPa。磁性滤油器基本上不能滤除非导磁杂质，所以，必须与机械式滤油器联合使用。

6. 滤油器的合理使用

滤油器在液压系统中的安装位置，通常有下列五种方式，如图 6-6 所示。

第一种安装方式：滤油器 1 安装于油泵吸入口处。在油泵的吸入油路上，一般都安装粗滤油器。目的是滤除较大的杂质微粒，以保护油泵。为了保证油泵的充分吸油，不致于产生汽蚀现象，这种滤油器的压力降低不应超过 0.02MPa，滤油器的通流流量应为油泵流量的 2 倍以上，故一般采用网式滤油器或线隙式滤油器。

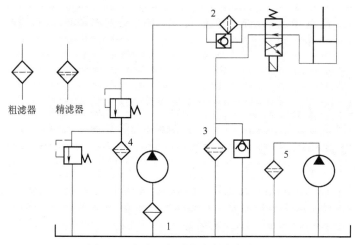

图 6-6　滤油器在系统中的安装位置

第二种安装方式：滤油器 2 安装于油泵的出油口处，以保护除液压泵以外的其他液压元件。为了保护一些对污染杂质敏感的元件，例如调速阀、电液伺服阀等，应将滤油器安装在这些元件之前。这种滤油器因在高压下工作，要求滤油器有足够的强度。为了防止滤油器堵塞，引起油泵的过载或滤芯破坏，要在滤油器处并联旁通阀（单向阀或低压溢流阀），单向阀或低压溢流阀的开启压力应高于滤油器压力损失。也可以采用带压差发讯器的滤油器，当堵塞使压差达到一定值时，使旁通阀打开或指示器发出堵塞信号。这种安装于油泵出口处的滤油器，也可以与安全阀并联使用。

第三种安装方式：滤油器 3 安装于液压系统的回油路上，在油液流回油箱之前，先经过过滤，滤除其中的污染物，防止污染物进入油箱，或者说使油液污染度得到控制。由于回油路压力低，可采用强度低的滤油器，其压降对系统影响不大。一般都在滤油器处并联一个单向阀，起旁通作用。当滤芯堵塞达到一定压力损失时，单向阀打开，防止压破滤芯。

第四种安装方式：滤油器 4 安装于旁通油路上，例如，安装于溢流阀回油路上，还可与一个安全阀并联，其作用是使液压系统中油液不断净化，使油液的污染度得到控制。这种既不在主油路上造成压降，也不承受高压力，也不需要流经泵的全部流量，对滤油器的通流能力要求也不高，滤油器的强度要求也较低。

第五种安装方式：滤油器 5 与一独立油泵组成独立于液压系统之外的过滤回路。它可以不断净化系统中的油液，与第四种安装方式有相同之处，但这种方式的过滤器 5 的流量是稳定的，更利于油液污染度的控制，适用于大型液压系统中。它还可与加热器、冷却器、排气器等结合使用。

在滤油器的使用和维护中应当注意及时清洗和更换滤芯。当滤芯吸附较多的杂质之后,液流压力损失将增大,滤油器的流通能力就会下降。在管理中要特别注意,当压力损失超过规定值时,应停机或改用旁通油路来清洗,或更换脏的滤芯,防止因滤油器的故障导致液压元件的损坏,特别是电液伺服阀的损坏。

6.2 油箱与热交换器

1. 油箱

油箱用于储存油液,以保证供给液压系统充分的工作油液和接纳液压系统的回油。此外,油箱还有使渗入油液中的空气逸出和使油液中的污物沉淀、油液散热等作用。油箱一般分为开式油箱和闭式油箱两种。开式油箱中液面空间与大气相通,闭式油箱中液面空间与大气隔离。液压系统中采用开式油箱较多。

开式油箱的结构示意图如图 6-7 所示。

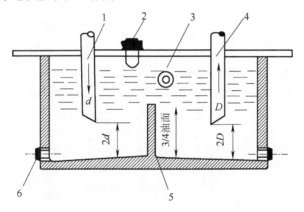

图 6-7 开式油箱的结构示意图

1—回油管;2—注油口;3—油位计;4—吸油管;5—隔板;6—泄油口

油箱应有足够的容量。在液压系统工作过程中,油位应保证一定高度,以防止液压泵吸空或抽吸不到油液。液压系统的油液全部回油箱时,油液也不应有溢出,油箱中液面应保持在油箱全高度的 80%左右。

为了便于清洗油箱和更换液压油,油箱顶部或侧面要求开注油孔。油箱底部应有一些倾斜度,并在最低位置处设置泄油口和旋塞,便于放净油液和清洗油箱。小型油箱应开有手孔,大型油箱应在侧面开人孔,以便于对油箱内部进行清洗。

为了保持液面以上的压力与大气压相等,油箱顶部设有呼吸口。为防止大量尘埃或杂质从呼吸口进入油箱,呼吸口应有防尘罩。油箱加油口和呼吸口可以是同一个口,孔盖和滤网也就是防尘设施。

为了将油中杂质和空气分离出来,油箱中设有一块或几块中间隔板,以增加油液流通路线,使油液有充分的时间沉淀杂物和排出气泡。隔板高度一般取液面高度的 3/4。油箱中的回油管口和吸油管口斜切成 45°角，斜切口面向油箱壁。回油管应埋在液面之下，但应距箱底至少有三倍管径的距离。吸油管应埋在最低液面之下，管口或吸入滤油器应距离箱底两倍管径的距离。

　　油箱一般用 2.5～4mm 厚的钢板焊接而成，尺寸高大的油箱还需加焊角铁或筋板以增加刚度。若在油箱上固定电机和液压元件时，安装板应具有足够的强度。为了观测和状态监测方便，油箱还装有油位表、温度计以及其他自动调节和报警监控的测量元件。

　　有的油箱内还装有蛇形管式冷却器和电加热器，它们一般最好安装在吸油管侧附近，油液被加热或冷却后便被吸走。

　　油箱安置的位置应便于吊运、安装和维护保养。

2. 热交换器

　　液压系统中常用油液的工作温度以 40～60℃为宜。温度过高，将使油液黏度显著下降，从而降低液压泵和执行元件（油马达或液压缸）的容积效率。温度过低，油液黏度太大，液压泵吸油困难，在系统中流动阻力也会增加。因此，要求控制油液的温度，减少环境温度和油温对系统性能的影响。系统中常配有加热器和冷却器，统称为热交换器。

　　1）加热器

　　为了简单方便，液压系统中对油液进行加热一般都采用电加热器。电加热器直接安装在油箱中，根据需要接通电源对油液实现加热。其安装方式如图 6-8 所示。由于直接与加热器接触的油液温度可能升得很高，会加速油液老化，使用时要慎重。通常在液压系统运行一段时间之后即不需用加热器，只是在液压系统投入工作之前，环境温度过低使得油液黏度过高时才使用。

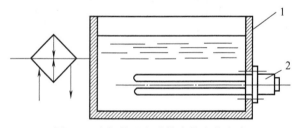

图 6-8　电加热器在油箱中的安装方式

1—油箱；2—电加热器

　　2）冷却器

　　液压系统中损失的能量几乎全部变成了热量，使油液温度升高。如果油箱容积较大，有足够的散热面积，那么热量可以通过油箱散热到空气中去，油的温度就不会太高。如果散热面积不足时，需要采用冷却器，用冷却水带走油液中的热量，使油温降到合适的范围。常用的冷却器有两种，一种是装在系统的回油管路中的壳管式冷却器，另一种是放在油箱油液中的蛇形管式冷却器，其结构如图 6-9 所示。两者都用冷却水作为传热介质，将油液中的热量转移出去。

　　图 6-9（a）所示的蛇形管式冷却器的结构简单，其传热效率低，冷却效果差，耗水量相对较大。图 6-9（b）所示为壳管式冷却器，是一种强制对流式冷却器，冷却水在管束内流动，油液在管束外和壳体内流动。冷却水从进口到出口是 U 型的流程；由于壳体内还有五道挡板，

油液的流动呈多个 8 形连续流程，其热交换效率高。这种冷却器的管板有两种，一种是两端管板都是固定的；另一种是端管板固定，另端管板则不固定，而允许有一定的位移，以适应热胀冷缩的需要，其结构相对较复杂一些。不管哪种管板结构，一般壳管式油冷却器都应避免承受高压，这种冷却器一般都安置在回油管路上。

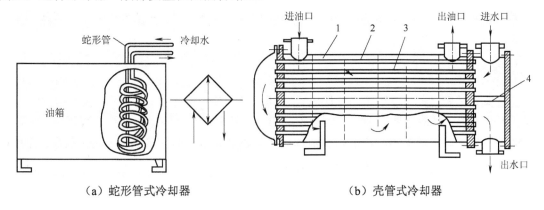

（a）蛇形管式冷却器　　　　　　　（b）壳管式冷却器

图 6-9　油液冷却器的结构

1—外壳；2—挡板；3—钢管；4—隔板

6.3　油管与管接头

1. 油管

油管起的作用是把液压系统中各液压元件连接起来，以保证工作介质的正常循环，并传递液压能。因此，要求油管中油液流动损失要小，管壁有足够的强度，装配使用方便，同时，还应有散热的作用。

液压系统中使用的油管有硬管和软管两大类。硬管包括无缝钢管和铜管等。软管包括橡胶管和尼龙管等。油管一般都采用硬管，只有在连接两个具有相对运动的液压元件时，或者为了安装方便时，才选用软管。

硬管中，钢管在装配时不便于弯曲成形，但适用压力范围广。铜管便于弯曲，但承受压力较低，一般紫铜管承受压力不超过 10MPa，黄铜管承受压力不超过 25MPa。

选用硬管时，应检查管内壁是否光滑清洁，有无砂眼，有无锈蚀和氧化皮等。对于长期储存或保管不当的硬管，使用前应进行认真彻底的清洁，保证内壁光滑清洁。硬管若有下列缺陷时，应禁止使用。

（1）管内壁或外壁腐蚀严重。

（2）伤痕深度达到管壁厚的 10%以上时。

（3）油管被割口，或管壁上有小孔。

有关硬管的规格和标准，可参看《机械工程设计手册》。

橡胶软管有高压和低压型两种。高压橡胶软管是用钢丝纺织成的夹层覆以橡胶而制成的，其强度较高。低压橡胶管则是用麻线、棉线纺织的夹层做成的。使用软管时，应注意工作压力和所承受的冲击压力不能超过软管本身所规定的压力数值。安装软管时，切勿将内、外橡胶层弄破。当发现橡胶层有破损时，应及时切除或更换。在软管与其他物体有可能发生相对运动而出现摩擦作用时，要在可能发生摩擦之处设置保护装置，防止发生磨损破坏。并且还要考虑到操作人员避免受到高压油液泄漏喷射而造成的伤害。

尼龙管和塑料管的强度和寿命均低于橡胶管，它们一般只用作回油管，或给油箱加油时使用。

2. 管接头

管接头是油管之间，或油管与液压元件之间的可拆装的连接件。管接头应连接牢固，密封可靠，拆装方便，其流通能力要大，压力损失要小，外形尺寸也应尽可能小。液压系统所用管接头的种类繁多。按管接头的通道数和流向可分为直通接头、弯头接头、三通接头等；按连接方式不同，又可分为扩口式、焊接式及卡套式等。

6.4　蓄　能　器

蓄能器的功用有以下几点。

（1）作为辅助油源，应用于需要间歇出现大流量的液压系统中。采用小流量的液压泵再配以相应的蓄能器，当液压系统需要流量小时，液压泵向蓄能器充注液压油；当液压系统需要流量大于液压泵供给的流量时，蓄能器作为补充能源，与液压泵一起向液压系统供油。

此外，在停电或液压泵发生故障时，可作为暂短时间的应急能源。

（2）作为液压系统的稳压装置，吸收脉动压力或缓和液压冲击。

蓄能器的种类很多，其中，以活塞式和气囊式蓄能器应用最为广泛。

1. 活塞式蓄能器

活塞式蓄能器的结构如图 6-10 所示。活塞 3 的上部空间充满惰性气体（通常为氮气），惰性气体可从气门 1 处充入。活塞下部通过其底部油口 a 与系统高压油路相通。活塞上有密封圈密封，将惰性气体与高压油隔离开来。油压高时，活塞压缩上部气体；油压降低时，上部被压缩的气体膨胀，推活塞向下，蓄能器可向液压系统供油。如果液压系统的油压波动，活塞也可在缸内上、下移动，储存或释放液压能，达到吸收压力波动的目的。这种蓄能器制造成本高，活塞上摩擦损失大，影响活塞运动的灵活性，所以，正逐渐被性能较好的气囊式蓄能器所替代。

2. 气囊式蓄能器

气囊式蓄能器的结构如图 6-11 所示。气囊 3 是用特殊的耐油橡胶制成的，固定在蓄能器壳体 2 的上部，惰性气体（氮气）从气门 1 充入。气囊外部充满了压力油。在蓄能器壳体下部有一个受弹簧力作用的提升阀，其作用是防止油液全部排出时，气囊膨胀出蓄能器之外。气囊中充气压力一般为液压系统最低工作压力的 60%～70%，以便向蓄能器充入油液时，压缩气囊中的气体进行蓄能。

气囊式蓄能器中的气体与压力油完全隔开，较好地解决了气体与油液之间的漏泄问题。这种蓄能器重量轻、运动惯性小、动作灵敏，能够较好地吸收液压系统中液压脉动和缓和液压冲击，是目前广泛采用的一种蓄能器。

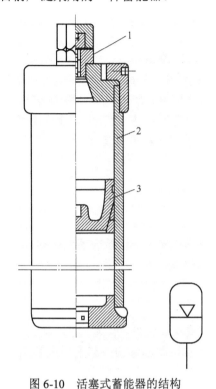

图 6-10 活塞式蓄能器的结构

1—气门；2—蓄能器壳体；3—活塞

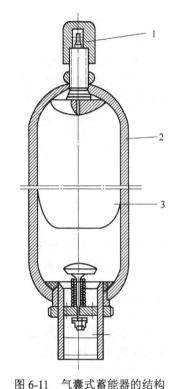

图 6-11 气囊式蓄能器的结构

1—气门；2—蓄能器壳体；3—气囊

3. 蓄能器安装及使用

安装和使用蓄能器时应注意以下几点：

（1）蓄能器是压力容器，搬运和装拆时应将充气阀打开，排出充入的气体，工作时应注意安全。

（2）蓄能器应将油口向下垂直安装。装在管路上的蓄能器要有牢固的固定装置。

（3）液压泵与蓄能器之间应设单向阀，防止停泵时蓄能器中的压力油向泵倒流。蓄能器与液压系统连接处应设置截止阀，供充气、调整、检修时使用。

（4）用于吸收液压冲击和脉动压力的蓄能器，应尽可能地装在振源附近，并要求放在便于检修的位置上。

（5）蓄能器的充入压力要求：对活塞式蓄能器，其充气压力一般为液压系统最低工作压力的 80%～90%；气囊式蓄能器的充气压力一般为液压系统最低工作压力的 60%～70%。

第 7 章　液压基本回路

任何液压系统不论多么复杂，都是由一些液压基本回路组成的。所谓液压基本回路就是由一些液压件组成的、完成特定功能的油路结构。例如：用来调节执行元件（液压缸或液压马达）速度的调速回路、用来控制系统全局或局部压力的调压回路、减压回路或增压回路、用来改变执行元件运动方向的换向回路等，这些都是液压系统中常见的基本回路。熟悉和掌握这些回路的构成、工作原理和性能，对于正确分析和合理设计液压系统十分重要。

7.1　方向控制回路

方向控制回路的用途是利用方向阀控制油路中液流的接通、切断或改变流向，以使执行元件启动、停止或变换运动方向。主要包括换向回路和锁紧回路。

7.1.1　换向回路

换向回路用于控制液压系统中油流方向，从而改变执行元件的运动方向。为此，要求换向回路应具有较高的换向精度、换向灵敏度和换向平稳性。运动部件的换向多采用换向阀来实现；在容积调速的闭式回路中，利用变量泵控制油流方向来实现液压缸换向。

1. 电磁换向阀换向回路

采用二位四通、三位四通（或五通）电磁换向阀换向是最普遍应用的换向方法。图 7-1 所示为利用限位开关控制三位四通电磁换向阀动作的换向回路。按下启动按钮，1YA 通电，液压缸活塞向右运动，当碰上限位开关 2 时，2YA 通电、1YA 断电，换向阀切换到右位工作，液压缸右腔进油，活塞向左运动。当碰上限位开关 1 时，1YA 通电、2YA 断电，换向阀切换到左位工作，液压缸左腔进油，活塞又向右运动。这样往复变换换向阀的工作位置，就可自动变换活塞的运动方向。当 1YA 和 2YA 都断电时，活塞停止运动。

这种换向回路的优点是，使用方便，价格便宜。其缺点是换向冲击力大，换向精度低，不宜实现频繁的换向，工作可靠性差。

由于上述的特点，采用电磁换向阀的换向回路适用于低速、轻载和换向精度要求不高的场合。

2. 电液换向阀的换向回路

图 7-2 所示为电液换向阀换向回路。当 1YA 通电时，三位四通电磁换向阀左位工作，控制油路的压力油推动液动阀阀芯右移，液动阀处于左位工作状态，泵输出流量经液动阀输入到液压缸左腔，推动活塞右移。当 1YA 断电、2YA 通电时，三位四通电磁换向阀换向，使液动

阀也换向，液压缸右腔进油，推动活塞左移。

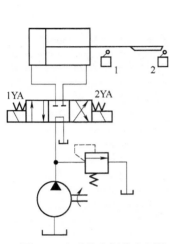

图 7-1　电磁换向阀换向回路

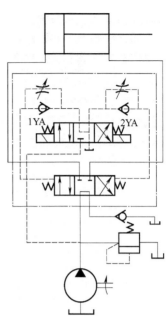

图 7-2　电液换向阀换向回路

对于流量较大、换向平稳性要求较高的液压系统，除采用电液换向阀换向回路外，还经常采用手动、机动换向阀作为先导阀，以液动换向阀为主阀的换向回路。图 7-3 所示为手动换向阀（先导阀）控制液动换向阀的换向回路。回路中由辅助泵 2 提供低压控制油，通过手动换向阀来控制液动阀阀芯动作，以实现主油路换向。当手动换向阀处于中位时，液动阀在弹簧力作用下也处于中位，主油泵 1 卸荷。这种回路常用于要求换向平稳性高且自动化程度不高的液压系统中。

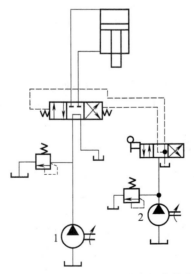

图 7-3　手动换向阀控制液动换向阀的换向回路

图 7-4 所示为用行程换向阀作为先导阀控制液动换向阀的机动、液压操纵的换向回路。利

用活塞上的撞块操纵行程阀 5 阀芯移动，来改变控制压力油的油流方向，从而控制二位四通液动换向阀阀芯移动方向，以实现主油路换向，使活塞正、反两方向运动。活塞上两个撞块不断地拨动二位四通行程阀 5，就可实现活塞自动地连续往复运动。图中减压阀 4 用于减低控制油路的压力，使液动阀 6 阀芯移动时得到合理的推力。二位二通电磁换向阀 3 用来使系统卸荷，当 1YA 通电时，泵卸荷，液压缸停止运动。这种回路的特点是换向可靠，不像电磁阀换向时需要通过微动开关、压力继电器等中间环节，就可实现液压缸自动地连续往复运动。但行程阀必须配置在执行元件附近，不如电磁阀灵活。这种方法换向性能也差，当执行元件运动速度过低时，因瞬时失去动力，使换向过程终止；当执行元件运动速度过高时，又会因换向过快而引起换向冲击。

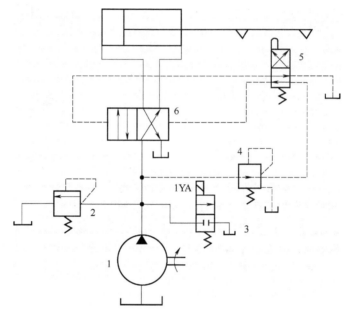

图 7-4　用行程换向阀控制液动换向阀的换向回路

3. 双向变量泵换向回路

在容积调速回路中，常常利用双向变量泵直接改变输油方向，以实现液压缸或液压马达的换向，如图 7-5 所示。这种换向回路比普通换向阀换向平稳，多用于大功率的液压系统中。

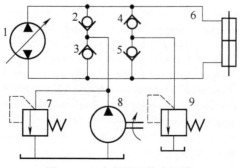

图 7-5　双向变量泵换向回路

7.1.2 锁紧回路

锁紧回路的功能是使液压执行机构能在任意位置停留，且不会因外力作用而移动位置。以下几种是常见的锁紧回路。

1. 用换向阀中位机能锁紧

图 7-6 所示为采用三位换向阀 O 型中位机能锁紧的回路。其特点是结构简单，不需增加其他装置，但由于滑阀环形间隙泄漏较大，故其锁紧效果不太理想，一般只用于要求不太高或只需短暂锁紧的场合。

2. 用液控单向阀锁紧

图 7-7 所示为采用液控单向阀（又称双向液压锁）的锁紧回路。当换向阀 3 处于左位时，压力油经左边液控单向阀 4 进入液压缸 5 左腔，同时通过控制口打开右边液控单向阀，使液压缸右腔的回油可经右边的液控单向阀及换向阀流回油箱，活塞向右运动；反之，活塞向左运动。到了需要停留的位置，只要使换向阀处于中位，因阀的中位为 H 型机能，所以两个液控单向阀均关闭，液压缸双向锁紧。由于液控单向阀的密封性好（线密封），液压缸锁紧可靠，其锁紧精度主要取决于液压缸的泄漏。这种回路被广泛应用于工程机械、起重运输机械等有较高锁紧要求的场合。

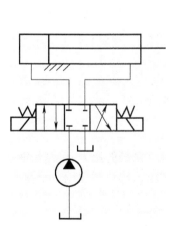

图 7-6 采用三位换向阀 O 型中位机能锁紧的回路

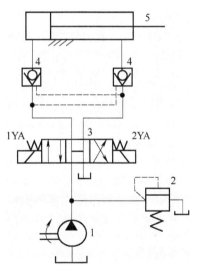

图 7-7 采用液控单向阀的锁紧回路

3. 用制动器锁紧

上述两种锁紧回路都无法解决因执行元件内泄漏而影响锁紧的问题，特别是在用液压马达作为执行元件的场合，若要求完全可靠的锁紧，则可采用制动器。

一般制动器都采用弹簧上闸制动、液压松闸的结构。制动器液压缸与工作油路相通，当系统有压力油时，制动器松开；当系统无压力油时，制动器在弹簧力作用下上闸锁紧。

制动器液压缸与主油路的连接方式有三种，如图7-8所示。

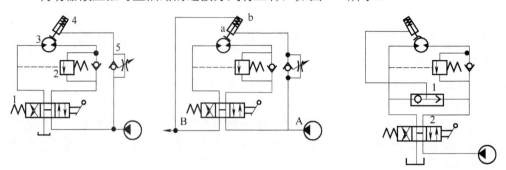

（a）单作用制动器液压缸；　（b）双作用制动器液压缸；（c）制动器缸通过梭阀与起升马达的进出油路相连

图7-8　制动器液压缸与主油路的连接方式

图7-8（a）中，制动器液压缸4为单作用缸，它与起升液压马达的进油路相连接。采用这种连接方式，起升回路必须放在串联油路的最末端，即起升马达的回油直接通回油箱。若将该回路置于其他回路之前，则当其他回路工作而起升回路不工作时，起升马达的制动器也会被打开，因而容易发生事放。制动器回路中的单向节流阀的作用是：制动时快速，松闸时滞后。这样可防止开始起升负载时因松闸过快而造成负载先下滑然后再上升的现象。

图7-8（b）中，制动器液压缸为双作用缸，其两腔分别与起升马达的进、出油路相连接。这种连接方式使起升马达在串联油路中的布置位置不受限制，因为只有在起升马达工作时，制动器才会松闸。

图7-8（c）中，制动器缸通过梭阀1与起升马达的进出油路相连接。当起升马达工作时，不论是负载起升或下降，压力油均会经梭阀与制动器缸相通，使制动器松闸。为使起升马达不工作时制动器缸的油与油箱相通而使制动器上闸，回路中的换向阀必须选用H型机能的阀。显然，这种回路也必须置于串联油路的最末端。

7.2　压力控制回路

压力控制回路是利用压力控制阀控制液压系统或某一分支系统的压力，以满足液压执行元件所需的力或转矩，压力控制回路一般包括调压、减压、增压、卸荷、保压、平衡等回路。

7.2.1　调压回路

调压回路的功用在于调定或限制液压系统的最高工作压力，或者使执行机构在工作过程不同阶段实现多级压力变换。一般由溢流阀来实现这一功能。

1.　远程调压回路

图7-9（a）所示为最基本的调压回路。当改变节流阀2的开度来调节液压缸速度时，溢流阀1始终开启溢流，使系统工作压力稳定在溢流阀调定的压力附近，溢流阀1作定压阀用。若系统中无节流阀，溢流阀1则作安全阀用，当系统工作压力达到或超过溢流阀调定压力时，

溢流阀开启，对系统起安全保护作用。如果在先导型溢流阀 1 的遥控口上接一远程调压阀 3，则系统压力可由远程调压阀 3 远程调节控制。主溢流阀的调定压力必须大于远程调压阀的调定压力。

2．多级调压回路

图 7-9（b）所示为三级调压回路。主溢流阀 1 的遥控口通过三位四通换向阀 4 分别接具有不同调定压力的远程调压阀 2 和 3。当换向阀左位时，压力由远程调压阀 2 调定；换向阀右位时，压力由远程调压阀 3 调定；换向阀中位时，由主溢流阀 1 来调定系统最高压力。

3．无级调压回路

图 7-9（c）所示为通过电液比例溢流阀进行无级调压的比例调压回路。根据执行元件工作过程各个阶段的不同要求，调节输入比例溢流阀 1 的电流，即可达到调节系统工作压力的目的。

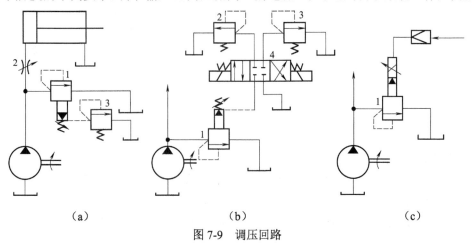

(a)　　　　　　　　　　(b)　　　　　　　　　　(c)

图 7-9　调压回路

7.2.2　减压回路

减压回路的功用是使系统中的某一部分油路具有较低的稳定压力。常见的减压回路是用定值减压阀与主油路相连，如图 7-10（a）所示。单向阀防止主油路压力降低（低于减压阀调整压力）时油液倒流，作短时保压之用。减压回路也可以采用两级或多级减压。在图 7-10（b）所示回路中，先导型减压阀 1 的远控口接一远控溢流阀 2，则减压阀 1、远控溢流阀 2 各获得一种低压。但要注意，远控溢流阀 2 的调整压力要低于减压阀 1 的调定压力。

为了使减压回路工作可靠，减压阀的最低调整压力不应小于 0.5MPa，最高调整压力至少应比系统压力小 0.5MPa。当减压回路中的执行元件需要调速时，调速元件应安放在减压阀的后面，以避免减压阀泄漏（指油液由减压阀泄油口流回油箱）而影响执行元件的速度。

7.2.3　增压回路

在液压系统中，当某一支路需要压力较高、流量不大的压力油时，常用增压回路获得，如图 7-11 所示。

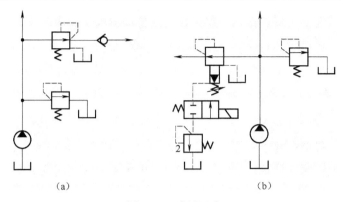

图 7-10　减压回路

1．单作用增压缸增压回路

图 7-11（a）所示为采用增压缸的单作用增压回路。在图示位置，系统供油压力 p_1 进入增压缸的大活塞腔，在小活塞腔得到所需较高压力 p_2；二位四通电磁换向阀处于右位时，增压缸返回，辅助油箱中的油液经单向阀补入小活塞腔。该回路只能间歇增压，所以称为单作用增压回路。

2．双作用增压缸增压回路

图 7-11（b）所示为采用双作用增压缸的增压回路。它能连续输出高压油。在图示位置，液压泵输出油液经换向阀 5、单向阀 1 进入增压缸左端的大、小活塞腔，右端大活塞腔通油箱，右端小活塞腔增压后的高压油经单向阀 4 输出，此时单向阀 2、3 被关闭。当增压缸活塞移到右端时，换向阀通电换向，增压缸活塞向左移动。同理，左端小活塞腔输出的高压油经单向阀 3 输出。增压缸的活塞连续往复运动，两端交替输出高压油，实现连续增压。

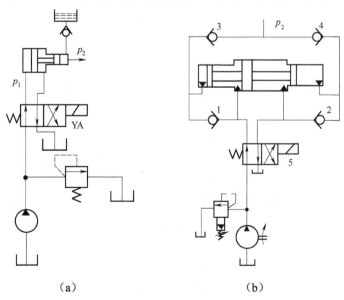

（a）　　　　　　　　　　　（b）

图 7-11　增压回路

7.2.4　卸荷回路

液压系统的执行元件在短时间停止运动时,应使液压泵卸荷。常见的卸荷回路有下述几种:

1.用主换向阀的卸荷回路

采用主换向阀卸荷,主要是利用换向阀的中位机能使液压泵和油箱连通进行卸荷。因此,主阀必须采用中位机能为 M 型、H 型或 K 型的三位换向阀。图 7-12 所示为采用 M 型三位四通换向阀的卸荷回路。

这种卸荷方法比较简单;但只适用于单缸和流量较小的液压系统。用于压力大于 3.5MPa、流量大于 40L/min 的液压系统时, 易产生液压冲击。

2.用二位二通滑阀的卸荷回路

图 7-13 所示为用二位二通电磁滑阀使液压泵卸荷的回路。电磁阀 2 通电,液压泵即卸荷。由于受电磁铁吸力的限制,这种卸荷方式通常只用于液压泵流量在 63L/min 以下的场合。

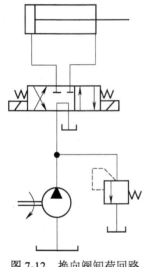

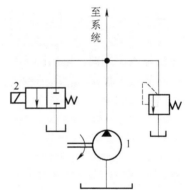

图 7-12　换向阀卸荷回路　　　　　　图 7-13　二位二通滑阀卸荷回路

3.用液控顺序阀的卸荷回路

在双泵供油的液压系统中,常采用图 7-14 所示的卸荷回路,即在快速行程时,两液压泵同时向系统供油,进入工作行程阶段后,由于压力升高,打开液控顺序阀使低压大流量泵 1 卸荷。单向阀的作用是对高压、小流量泵 2 的高压油起止回作用。

4.用溢流阀的卸荷回路

图 7-15 所示为用先导式溢流阀卸荷的回路。采用小型的二位二通阀 3,将先导式溢流阀 2 的遥控口接通油箱,即可使液压泵卸荷。

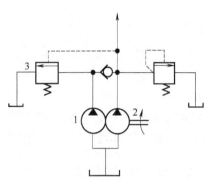

图 7-14 液控顺序阀卸荷回路

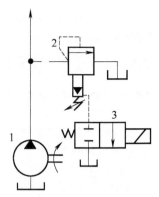

图 7-15 溢流阀卸荷回路

7.2.5 保压回路

液压系统执行元件行程结束后，仍需继续保持工作压力的操作方法，称为保压。可以采用滑阀机能为 O 型或 M 型的三位换向阀来实现保压，但因阀的泄漏使这种保压的时间短，当要求保压时间长时，则采用补油的办法来保持回路中压力的稳定。

图 7-16 所示为采用液控单向阀和电接触式压力表自动补油的保压回路。当换向阀 3 右位接入回路时，压力油经换向阀 3、液控单向阀 4 进入液压缸 6 上腔。当压力达到要求的调定值时，电接触式压力表 5 发出电信号，使换向阀 3 切换至中位，这时液压泵卸荷，液压缸上腔由液控单向阀 4 进行保压。当液压缸上腔的压力下降至预定值时，电接触式压力表 5 又发出电信号并使换向阀 3 右位接入回路，液压泵又向液压缸上腔供油，使其压力回升，实现补油保压。当换向阀 3 左位接入回路时，单向阀 4 打开，活塞向上快速退回。此时，电接点压力表电路断开。这种保压回路保压时间长，压力稳定性较高，适用于保压性能要求较高的液压系统，如液压机的液压系统。

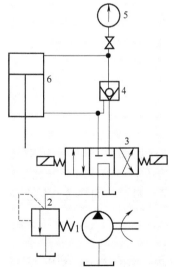

图 7-16 自动补油的保压回路

1—定量泵；2—溢流阀；3—换向阀；4—液控单向阀；5—电接触式压力表；6—液压缸

对保压时间更长，压力稳定性要求高时，可采用蓄能器来保压，它以蓄能器中的压力油来补偿回路中的泄漏而保持其压力。这种保压回路的保压性能好、工作可靠、压力稳定，但需装设蓄能器，增加设备费用。此外，还可采用压力补偿变量泵来保压，它在保压时间内仅输出少量足以补偿回路泄漏的油液即可，功率消耗少，效率高。

7.2.6 平衡回路

为了防止立式液压缸及其工作部件在悬空停止期间因自重而自行下滑，或在下行运动中由于自重而造成失控超速的不稳定运动，可设置平衡回路。

图 7-17（a）所示为采用单向顺序阀的平衡回路。顺序阀的开启压力要足以支承运动部件的自重。当换向阀处于中位时，液压缸即可悬停。但活塞下行时有较大的功率损失，为此可采用外控单向顺序阀，如图 7-17（b）所示。下行时控制压力油打开顺序阀，背压较小，提高了回路效率。但由于顺序阀的泄漏，悬停时运动部件总要缓缓下降。对要求停止位置准确或停留时间较长的液压系统，应采用图 7-17（c）所示的液控单向阀平衡回路。在图 7-17（c）中，节流阀的设置是必要的。若无此阀，运动部件下行时会因自重而超速运动，缸上腔出现真空，致使液控单向阀关闭，待压力重建后才能再打开，这会造成下行运动时断时续和强烈振动的现象。

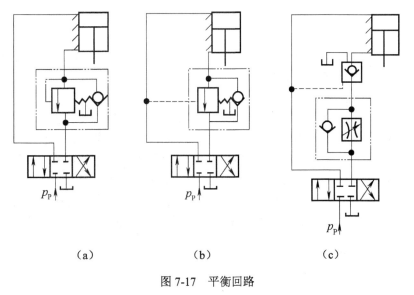

（a） （b） （c）

图 7-17 平衡回路

7.3 速度控制回路

在液压系统中往往需要调节液压执行元件的运动速度，以适应不同的工作需要。液压系统中的执行元件主要是液压缸和液压马达，其运动速度或转速与输入的流量及自身的几何参数有关。在不考虑油液压缩性和泄漏的情况下，液压缸的速度为

$$v = \frac{Q}{A} \tag{7-1}$$

液压马达的转速为

$$n = \frac{Q}{q} \qquad (7\text{-}2)$$

式中：Q 为输入液压缸或液压马达的流量；A 为液压缸的有效面积；q 为液压马达的排量。

由式（7-1）与式（7-2）可以看出，要调节或控制液压缸和液压马达的工作速度，可以通过改变进入执行元件的流量来实现，也可以通过改变执行元件的几何参数来实现。对于确定的液压缸来说，通过改变其有效作用面积 A 来调速是不现实的，一般只能用改变输入液压缸流量的方法来调速。对变量马达来说，既可以用改变输入流量的办法来调速，也可以通过改变马达排量的方法来调速。目前常用的调速回路主要有以下几种：

（1）节流调速回路。采用定量泵供油，通过改变回路中流量控制元件通流截面积的大小来控制输入或流出执行元件的流量，以调节其速度。

（2）容积调速回路。通过改变回路中变量泵或变量马达的排量等方式来调节执行元件的运动速度。

（3）容积节流调速回路。采用压力反馈式变量泵供油，由流量控制元件改变流入或流出执行元件的流量来调节速度。同时，又使变量泵的输出流量与通过流量控制元件的流量相匹配。

7.3.1　节流调速回路

节流调速回路由定量泵、溢流阀、流量控制阀和执行元件组成。通过改变流量控制阀节流口的通流截面积来调节和控制输入或输出执行元件的流量实现速度调节，这种方法称为节流调速。按节流阀在回路中的安装位置不同分为进口节流调速回路、出口节流调速回路和旁路节流调速回路三种基本形式。

节流调速回路具有结构简单、工作可靠、成本低和使用维修方便等优点，并且能获得极低的运动速度，因此得到广泛应用。但也存在一些缺点，由于存在节流损失和溢流损失，所以功率损失较大，效率较低；又由于功率损失转为热量，使油温升高，影响系统工作的稳定性。通常节流调速多用于小功率的液压系统中。分析三种形式节流调速回路的性能时，执行元件以液压缸为例，也适用于液压马达。节流阀的阀口常采用薄壁小孔。为了分析问题方便起见，分析性能时不考虑油液的泄漏损失、压力损失和机械摩擦损失，以及油液的压缩性影响。

1．进口节流调速回路

1）工作原理

如图 7-18 所示，将节流阀安装在定量泵与液压缸之间，即液压缸的进油路上，通过调节节流阀节流口的大小，调节进入液压缸的流量，来调节液压缸的运动速度，定量泵输出的多余流量经溢流阀流回油箱。由于节流阀串联在液压缸的进油路上，故称为进口节流调速回路。

定量泵输出的流量是恒定的，一部分流量 q_1 经节流阀输入给液压缸左腔，用于克服负载 F，推动活塞右移，另一部分泵输出的多余流量 Δq 经溢流阀流回油箱。

2）进口节流调速特点

在工作中液压泵的输出流量和供油压力不变。而选择液压泵的流量必须按执行元件的最高速度所需流量选择，供油压力按最大负载情况下所需压力考虑，因此泵输出功率较大。但液压缸的速度和负载却常常是变化的，当系统以低速轻载工作时，有效功率却很小，相当大的功率损失消耗在节流损失和溢流损失上，功率损失转换为热能，使油温升高。特别是节流后的油液直接进入液压缸，由于管路泄漏，影响液压缸内柱塞的运动速度。

由于节流阀安装在执行元件的进油路上，回油路无背压，负载消失，工作部件会产生前冲现象，也不能承受反向负载。为提高运动部件的平稳性，常常在回油路上增设一个 0.2～0.3MPa 的背压阀。由于节流阀安装在进油路上，启动时冲击较小。节流阀节流口通流面积可由最小调至最大，所以调速范围大。

3）应用

根据对进口节流调速性能的分析可知，工作部件的运动速度随外负载的增减而忽慢忽快，难以得到稳定的速度，因而进口节流调速回路不适宜用在负载大、速度高或负载变化较大的场合，而在低速、轻载下速度刚性好，所以适用于一般负载变化较小的小功率液压系统中。

2. 出口节流调速回路

1）工作原理

如图 7-19 所示，将节流阀串联在液压缸的回油路上，即安装在液压缸与油箱之间，由节流阀控制与调节排出液压缸的流量，从而调节活塞的运动速度。进入液压缸的流量受排出流量的限制，因此由节流阀调节排出液压缸的流量，也就调节了进入液压缸的流量。定量泵输出的多余油液经溢流阀流回油箱。由于进入液压缸的流量小于泵输出的流量，因此系统在工作时，溢流阀是常开的，将泵输出的多余流量流回油箱。泵的出口压力等于溢流阀的调整压力，其值为恒定。

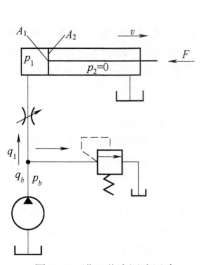

图 7-18　进口节流调速回路

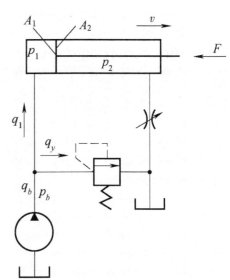

图 7-19　出口节流调速回路

2）出口节流调速的特点

出口节流调速性能与进口节流调速性能相同，但与进口节流调速相比还有其许多特点。

（1）由于节流阀安装在液压缸与油箱之间，液压缸排油腔排出的油液经节流阀流回油箱，这样温度升高的油液可进入油箱冷却，冷却后的油液重新进入泵和液压缸，因此降低了系统的温度。

（2）节流阀安装在回油路上，液压缸回油腔具有一定背压，提高了执行元件的运动平稳性。出口节流调速比进口节流调速低速平稳性高，因此出口节流调速可获得最小稳定速度。若进口节流调速回路的回油路加背压阀，进口节流调速回路可获得更低的稳定速度。

（3）液压缸排油腔存在背压，因此有承受负值负载的能力。所谓负值负载就是负载作用力的方向和执行元件运动方向相同。由于背压的存在，在负值负载作用下，液压缸的速度仍然会受到限制，不会产生失控现象。

（4）出口节流调速回路，回油腔压力较高，轻载工作时，回油腔的背压力有时比进油压力还高，造成密封摩擦力增大，降低了密封件寿命，又使泄漏增加，其效率比进口节流调速还低。

（5）液压缸停止运动后，排油腔的油液经节流阀缓慢地流回油箱而造成空隙。再启动时，泵输出流量全部进入液压缸，活塞以较快的速度前冲一段距离，直到消除回油腔中的空隙并形成背压为止。启动前冲会损坏机件，对于进口节流调速，启动时只要关小节流阀就可避免前冲。

3）应用

出口节流调速广泛用于功率不大，有负值负载和负载变化较大的情况下；或者要求运动平稳性较高的液压系统中。从停车后启动冲击小和便于实现压力控制的方便性而言，进口节流调速比出口节流调速更方便，又由于出口节流调速以轻载工作时，背压力很大，而影响密封，加大泄漏。故实际应用中普遍采用进口节流调速，并在回油路上加一背压阀以提高运动的平稳性。

3. 旁路节流调速回路

1）工作原理

如图 7-20 所示，将节流阀安装在与液压缸并联的支路上，液压泵输出的流量一部分进入液压缸，另一部分经节流阀流回油箱，用调节节流阀节流口的大小，来控制进入液压缸的流量，从而实现对液压缸运动速度的调节。由于节流阀安装在支路上，所以称为旁路节流调速回路。

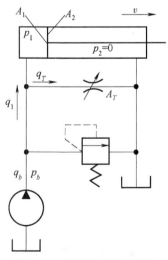

图 7-20　旁路节流调速回路

　　由于节流阀安装在液压泵与油箱之间,所以液压缸的运动速度取决于节流阀流回油箱的流量,流回油箱的流量越多,则进入液压缸的流量越少,液压缸活塞的运动速度就越慢;反之则活塞运动速度就越快。这里溢流阀不起溢流作用,而做安全阀使用,其调定压力大于克服最大负载所需压力。系统正常工作时,溢流阀处于关闭状态。液压泵的供油压力等于液压缸进油腔压力,其值决定于负载大小。

　　2)旁路节流调速回路的特点

　　旁路节流调速回路速度负载特性比进口、出口节流调速更差,即速度刚度最差,同时压力增加也会使泵的泄漏增加,泵的容积效率降低,因此,回路运动的稳定性较差;回路效率高,油液温升较小,经济性好;由于低速承载能力差,只能用于高速范围,因此调速范围小。

　　3)应用

　　由于旁路节流调速回路在高速、重负载下工作时,功率大、效率高,因此适用于动力较大、速度较高、而速度稳定性要求不高,且调速范围小的液压系统中。

　　4. 节流调速回路的速度稳定问题

　　前面已分析过用节流阀组成的进口、出口、旁路节流调速回路都存在一个共同的问题,即负载变化引起节流阀两端压力差变化,使流经节流阀流量发生变化,导致执行元件运动速度也相应地变化,而运动速度不稳定,会影响工作质量。针对这个问题应设法使油液流经节流阀的前后压力差不随负载而变化,从而保证通过节流阀的流量稳定。通过节流阀的流量只由通过节流阀的开口大小决定,执行元件需要多大速度就将节流阀开口调至多大。为实现这种目的,经常采用调速阀或旁通型调速阀组成节流调速回路,以提高回路的速度稳定性。

　　按调速阀安装位置不同,用调速阀组成的节流调速回路也有进口、出口、旁路节流调速回路三种形式。它们的工作原理及调速性能与采用节流阀组成的节流调速回路相同,所不同的是,速度负载特性不同。当工作压力随负载变化时,调速阀中的减压阀能保证节流阀前后压差不变,即通过节流阀的流量不变,从而使活塞运动速度稳定。用调速阀组成的调速回路,由于油液流经调速阀时存在节流损失和定差减压阀的功率损失,因此回路功率损失较大,发热量大。

　　采用旁通型调速阀的节流调速回路,旁通型调速阀只能安装在进油路上。从图 7-21 可见,液压泵的供油压力是随负载而变化的,负载小,供油压力低,反之则相反,这样就使节流阀前后压差基本上保持不变,从而保证通过节流阀的流量不变,即活塞运动速度不变。若安装在回油路或旁路节流调速回路中 (图 7-22),由于旁通型调速阀出口压力为零 (接油箱),则进口压力使差压式溢流阀开口达到最大值,使回油不经节流阀而直接从差压式溢流阀流回油箱,此时旁通型调速阀不起调速作用。因此采用进油路节流调速回路,其功率损失小,效率比采用调速阀节流调速回路还高,而流量稳定性较调速阀差。

7.3.2　容积调速回路

　　容积调速回路的工作原理是通过改变回路中变量泵或变量马达的排量来调节执行元件的运动速度的。在这种回路中,液压泵输出的油液直接进入执行元件,没有溢流损失和节流损失,而且工作压力随负载变化而变化,因此效率高,发热少。

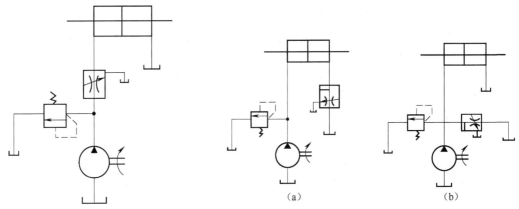

图 7-21　旁通型调速阀组成的进口节流调速回路　　图 7-22　用旁通型调速阀组成的出口和旁路节流调速回路

　　容积调速回路按油液循环方式的不同有开式回路和闭式回路两种。开式回路中的液压泵从油箱吸油后输入执行元件，执行元件排出的油液直接返回油箱，因此油液能得到较好的冷却；但油箱的结构尺寸大，空气和脏物容易侵入回路，影响正常工作。闭式回路中的液压泵将油液输入执行元件的进油腔，又从执行元件的回油腔吸油。这种回路结构紧凑，减少了空气侵入的可能性，采用双向液压泵或双向液压马达时还可以很方便地变换执行元件的运动方向。缺点是散热条件差，为了补偿回路中的泄漏、补偿执行元件进油腔与回油腔之间的流量差额，常常需要设置补油装置，从而使回路结构复杂化。

　　容积调速回路按所用执行元件的不同有泵-缸式回路和泵-马达式回路两类。

1. 泵-缸式回路

　　图 7-23 所示泵-缸式的开式容积调速回路。这里的活塞运动速度由改变变量泵 1 的排量来调节，回路中的最大压力则由安全阀 2 限定。这种回路的调速范围除了与泵的变量机构调节范围有关以外，还受负载、泵的泄漏系数等因素影响。

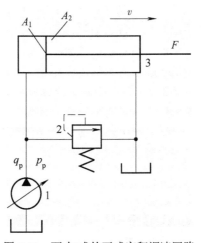

图 7-23　泵-缸式的开式容积调速回路

1—变量泵；2—安全阀

图 7-24 所示为泵-缸闭式容积调速回路。这里的双向变量泵 1 除能给液压缸供应所需的油液外，还可以改变输油方向，使液压缸运动换向（换向过程比使用换向阀平稳，但换向时间长）。单向阀 4、5 与溢流阀 9 用以限制主回路每个方向的最高压力。单向阀 2、单向阀 3、辅助油泵 8 和溢流阀 7 构成补油系统，其压力由溢流阀 7 调定。补油系统供补偿回路中泄漏和液压缸两腔流量差之用。泵-缸式容积调速回路适用于负载功率大、运动速度高的场合。

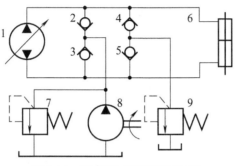

图 7-24　泵-缸闭式容积调速回路

1—变量泵；2，3，4，5—单向阀；6—油缸；7—溢流阀；8—辅助油泵；9—溢流阀

2. 泵-马达式回路

这类调速回路有变量泵-定量马达、定量泵-变量马达及变量泵-变量马达三种组合形式。

1）变量泵-定量马达式调速回路

在这种回路中，液压泵转速 n_p 和液压马达排量 q_m 都是恒量，改变液压泵排量 q_p 可使马达转速 n_m 和输出功率 P_m 随之成比例地变化。马达的输出转矩 T_m 和回路的工作压力 p 都由负载转矩决定，不因调速而发生变化，所以这种回路常被叫作恒转矩调速回路（图 7-25）。另外，由于泵和马达处的泄漏不容忽视，这种回路的速度刚性是要受负载变化影响的，在全载下马达的输出转速降低量可达 10%～25%，而在邻近 $q_p = 0$ 处实际的 n_m、T_m 和 P_m 也都等于零。

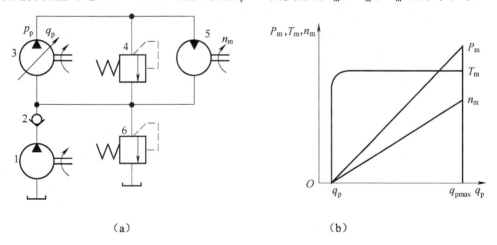

（a）　　　　　　　　　　　　　　　　（b）

图 7-25　变量泵-定量马达式容积调速回路

这种回路的调速范围是很大的，速比可达 40。当回路中泵和马达都能双向作用时，马达

可以实现平稳地反向。

2）定量泵-变量马达式调速回路

在这种回路中，液压泵转速 n_p 和排量 q_p 都是恒量，改变液压马达排量 q_m 时马达输出转矩的变化与 q_m 成正比，输出转速 n_m 则与 q_m 成反比。马达的输出功率 P_m 和回路工作压力 p 都由负载功率决定，不因调速而发生变化，所以这种回路常被叫作恒功率调速回路（图7-26）。由于泵和马达处的泄漏损失和摩擦损失，这种回路在邻近 $q_m = 0$ 处的实际 n_m、T_m 和 P_m 也都等于零。

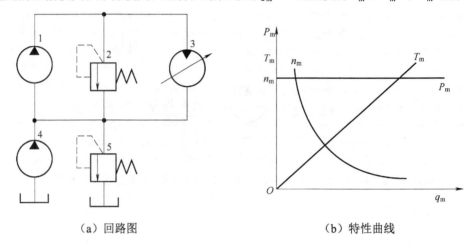

（a）回路图　　　　　　　　　　　　（b）特性曲线

图 7-26　定量泵—变量马达式容积调速回路

这种回路的调速范围很小，调速范围等于泵的调速范围 R_p 和马达调速范围 R_m 的乘积（ $R_c = R_p R_m$ ），一般只有 $R_c \leqslant 3$。它不能用来使马达反向（用改变马达排量的办法使它通过 $q_m = 0$ 点来实现马达反向，将因 n_m 须跨越高转速区而保证不了平稳的转换，所以是不采用的）。

3）变量泵-变量马达式调速回路

这种回路的工作特性是上述两种回路工作特性的综合，如图7-27所示。这种回路的调速范围很大，等于泵的调速范围 R_p 和马达调速范围 R_m 的乘积。这种回路适用于大功率的液压系统，特别适用于系统中有两个或多个液压马达要求共用一个液压泵又能各自独立进行调速的场合。

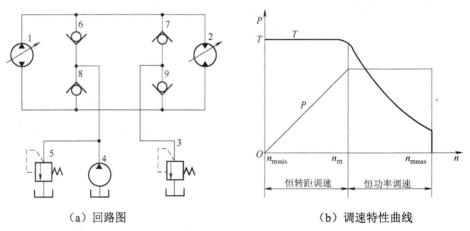

（a）回路图　　　　　　　　　　　　（b）调速特性曲线

图 7-27　变量泵-变量马达式容积调速回路

7.3.3　容积节流调速回路

容积节流调速回路采用压力补偿变量泵供油,用流量控制阀调节进入或流出液压缸的流量来控制其运动速度,并使变量泵的输出量自动地与液压缸所需流量相适应。这种调速回路没有溢流损失,效率较高,速度稳定性也比容积调速回路好,常用于速度范围大、功率不太大的场合。

图 7-28 所示为限压式变量泵和调速阀组成的容积节流调速回路,回路由限压式变量泵 1 供油,压力油经调速阀 2 进入液压缸 3 无杆腔,回油经背压阀 4 返回油箱。液压缸的运动速度由调速阀来调节。设泵的流量为 Q_p,则稳定工作时 $Q_p = q_1$。如果关小调速阀,则在关小阀口的瞬间,q_1 减小,而此时液压泵的输出量还未来得及改变,于是 $Q_p > q_1$,因回路中阀 5 为安全阀,没有溢流,故必然导致泵出口压力 p_p 升高,该压力反馈使得限压式变量泵的输出流量自动减少,直至 $Q_p = q_1$(节流阀开口减小后的 q_1);反之亦然。由此可见,调速阀不仅能调节进入液压缸的流量,而且可以作为反馈元件,将通过阀的流量转换成压力信号反馈到泵的变量机构,使泵的输出流量自动地和阀的开口大小相适应, 没有溢流损失。这种回路中的调速阀也可装在回油路上。

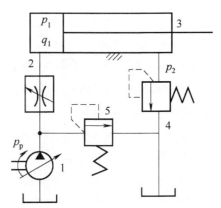

图 7-28　限压式变量泵和调速阀组成的容积节流调速回路

7.3.4　快速运动回路

快速运动回路的功用在于使执行元件获得尽可能大的工作速度,以提高生产率或充分利用功率。一般采用差动缸、双泵供油来实现。

1. 液压缸差动连接快速运动回路

如图 7-29 所示,换向阀处于原位时,液压缸有杆腔的回油和液压泵供油合在一起进入液压缸无杆腔,使活塞快速向右运动。这种回路结构简单,应用较多,但液压缸的速度加快有限,有时仍不能满足快速运动的要求,常常需要和其他方法联合使用。在差动回路中,泵的流量和液压缸有杆腔排出的流量合在一起流过的阀和管路应按合成流量来选择其规格,否则会导致压力损失过大,泵空载时供油压力过高。

2. 双泵供油快速运动回路

如图 7-30 所示，低压大流量泵 1 和高压小流量泵 2 组成的双联泵作动力源。外控顺序阀 3（卸载阀）和溢流阀 5 分别设定双泵供油和小流量泵 2 供油时系统的最高工作压力。溢流阀 5 处于图示位置，系统压力低于卸载阀 3 调定压力时。两个泵同时向系统供油，活塞快速向右运动；换向阀 6 处于右位，系统压力达到或超过卸载阀 3 的调定压力，大流量泵 1 通过阀 3 卸载，单向阀 4 自动关闭，只有小流量泵向系统供油，活塞慢速向右运动。卸载阀 3 的调定压力至少应比溢流阀 5 的调定压力低 10%～20%，大流量泵 1 卸载减少了动力消耗，回路效率较高。常用在执行元件快进和工进速度相差较大的场合。

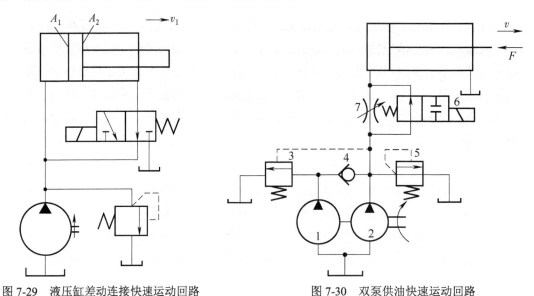

图 7-29　液压缸差动连接快速运动回路　　　　图 7-30　双泵供油快速运动回路

7.3.5　速度转换回路

在某些工作循环过程中，由于不同工况的特殊要求，常常需要由一种工作速度切换为另一种工作速度，甚至两种以上的工作速度。而且，切换过程是在连续的工作状态下自动完成的，切换时还要求平稳无冲击。

1. 快速-慢速转换回路

图 7-31 所示为用机动换向阀（行程阀）来实现速度切换的回路。液压缸 3 右腔回油经行程阀 4 和电磁换向阀 2 流往油箱，活塞向右快速运动。当快速行程终了时，挡块压下行程阀 4，使其通路切断，这时，缸右腔回油必须经节流阀 6 才能流往油箱，活塞向右慢速运动，调节节流 6 的开口大小即可改变工作进给速度。挡块必须一直压住行程阀，因此活塞快速退回时，压力油须经单向阀 5 进入缸右腔，这种回路只要挡块斜度设计合理,可使行程阀的通路逐渐切断，避免切换时出现冲击，因此换向精度及平稳性都较高。

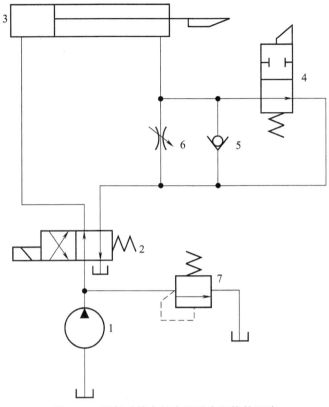

图 7-31　用机动换向阀实现速度切换的回路

1—液压泵；2—电磁换向阀；3—液压缸；4—机动换向阀（行程阀）；5—单向阀；6—节流阀；7—溢流阀

2. 两种工作速度的切换回路

图 7-32 （a）所示为用调速阀并联来实现两种工作速度切换的回路。图示位置，压力油经调速阀 5、换向阀 7，进入液压缸左腔，得第一种速度。当换向阀 7 切换至右位工作时，压力油经调速阀 6，换向阀 7 进入缸，得第二种速度。这种调速回路的特点是两种速度可任意调节，互不影响。但一个调速阀工作时，另一个调速阀出口油路被切断，调速阀中没有油流过，使减压阀的减压口开度最大。当换向阀 7 切换到使它工作时，运动部件会出现前冲现象。为解决这个问题，可在回油路上增加背压阀 9。

图 7-32 （b）所示为两个调速阀串联的速度转换回路。图中液压泵输出的压力油经调速阀 3 和电磁阀 5 进入液压缸，这时的流量由调速阀 3 控制。当需要第二种运动速度时，电磁阀 5 通电，则液压泵输出的压力油先经调速阀 3，再经调速阀 4 进入液压缸，这时的流量应由调速阀 4 控制，所以这种两个调速阀串联式回路中调速阀 4 的节流口应调得比调速阀 3 小，否则调速阀 4 速度转换回路将不起作用。这种回路工作时调速阀 3 一直工作，它限制着进入液压或调速阀 4 的流量，因此在速度转换时不会使液压缸产生前冲现象，转换平稳性较好。在调速阀 4 工作时，油液需经两个调速阀，故能量损失较大。

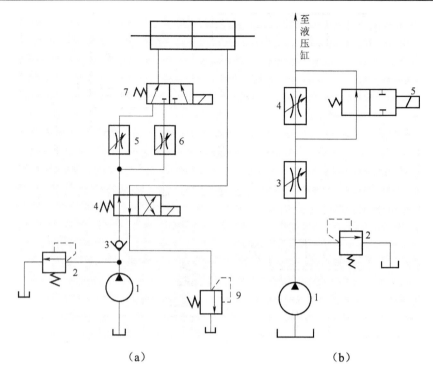

（a）　　　　　　　　　　（b）

图 7-32　两种工作速度的切换回路

第8章　典型液压系统

8.1　压力机液压系统

压力机是一种利用静压力进行机械加工的设备，在机械加工行业获得广泛应用。压力机类型有多种，其中液压压力机应用最广泛。

如图 8-1 所示为某型压力机原理图，压力机由上下两个工作油缸，上油缸为加压缸，下油缸为顶出缸。工作要求：

（1）压制工作时，加压缸驱动上滑块实现"快速下行—慢速加压—保持—快速返回—停止"动作；顶出缸驱动下滑块"向上顶出—保持—向下退回—停止"动作。

（2）液压系统压力可调节、转换，压力满足加工要求。

（3）工作平稳、可靠。

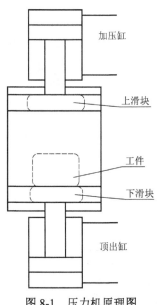

图 8-1　压力机原理图

8.1.1　普通液压元件组成的系统

图 8-2 所示为压力机液压系统原理图，系统由高压泵为上下油缸供油，控制油由通过减压获得。

1．加压缸工作过程

加压过程系统动作如下：

系统启动后液压泵 1 供油，此时，由于电磁换向阀 5 未供电，处于中位机能，则液控换向阀 6 处于中位，液压泵供油经电液换向阀 14 中位机能（电磁铁 3YA、4YA 无电）回油箱，泵空负荷运行。

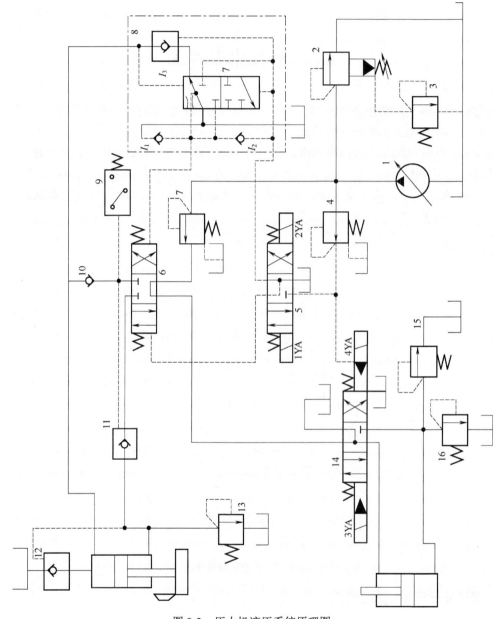

图 8-2　压力机液压系统原理图

快速下行：电磁换向阀 5 的 1YA 电磁铁通电，液压泵 1 供油，一路经减压阀 4 作为控制油、经电磁换向阀 5（左位）、驱动液控换向阀 6 换向（左位），液控换向阀 6 右端控制油经节流（减小换向冲击）回油箱，另一路（未减压）主油路的油经顺序阀 7、液控换向阀 6、单向阀 10 到加压油缸上腔；油缸下腔回油经液控单向阀 11、液控换向阀 6，利用电液换向阀 14

中位机能回油箱，加压缸快速下行。

慢速加压：加压油缸带动上滑块接触工件后，随着加压缸上腔压力升高，单向阀 12 关闭，开始压制过程，加压速度决定于变量泵流量。

保压过程：系统压力升高到压力继电器 9 动作，1YA 断电，电磁换向阀 5 回中位，时间继电器工作，相应液控换向阀 6 回中位，加压缸处于保压状态，保压时间由延时继电器控制，此时液压泵处于低负荷运行状态，油液经顺序阀 7、液控换向阀 6 中位、电液换向阀 14 中位回油箱。

快速返回：保压时间结束后，时间继电器发出信号使 2YA 通电，电磁换向阀 5 换向，减压阀 4 后的控制油经电磁换向阀 5 进入顺序阀 7 下端，由于此时加压缸上腔压力高，顺序阀 7 无法换向，只有打开单向阀 13，加压缸上腔泄压后，顺序阀 7 换向，控制油驱动液控换向阀 6 换向，主油路压力油经顺序阀 7、液控换向阀 6、单向阀 11 进入加压缸下腔，上腔油经液控单向阀 12 进入充液筒，加压缸快速返回。充液筒中的油液超过设定位置后回流回油箱。

原位停止：加压缸上升到规定高度，挡块压下形成开关，使电磁铁 2YA 断电，电磁换向阀 5、液控换向阀 6 回到中位，加压缸停止上行，液压泵卸荷；加压缸在单向阀 11 和溢流阀 13（安全阀）作用下悬停在最上端。

2. 下滑块的顶出及返回运动

操纵使电磁铁 4YA 通电，电液换向阀 14 换向，液压泵压力油经顺序阀 7、液控换向阀 6 中位、电液换向阀 14 右位进入顶出油缸下腔；上腔回油经阀 14 流回油箱，顶出油缸带动下滑块上行，直至停止。

操纵使电磁铁 3YA 通电、4YA 断电，电液换向阀 14 换向，液压泵压力油经顺序阀 7、液控换向阀 6 中位、电液换向阀 14 左位进入顶出油缸上腔，下腔油经电液换向阀 14 回油箱，顶出缸下行。

当 3YA、4YA 都断电时，电液换向阀 14 处于中位，顶出油缸上腔回油箱、下腔封闭，顶出油缸停止。

系统中阀 16 为安全阀，阀 15 用于调定顶出压力。阀 2、阀 3 用于调整主油路压力。

8.1.2　逻辑阀组成的压力机液压系统

图 8-3 所示为逻辑阀组成的压力机液压系统原理图，该液压机采用二通插装阀集成液压系统，由五个集成块（油路块）组成，各集成块组成元件及其在系统中的作用如下。

（1）进油调压集成块：

➢ 插装阀 F_1 为单向阀，防止系统压力油向泵倒流；

➢ 插装阀 F_2 和调压阀 1 组成安全阀，限制系统最高压力；

➢ 插装阀 F_2 和溢流阀 2、电磁阀 4 组成电磁溢流阀，调整系统工作压力；

➢ 插装阀 F_2 和缓冲阀 3、电磁阀 4，减少泵卸荷和升压时的冲击；

➢ 插装阀 F_9 和电磁阀 17 构成一个二位二通电磁阀，控制顶出液压缸下腔的进油。

（2）顶出液压缸下腔集成：

➢ 插装阀 F_{10} 和电磁阀 19 构成一个二位二通电磁阀，控制顶出液压缸下腔的回油；

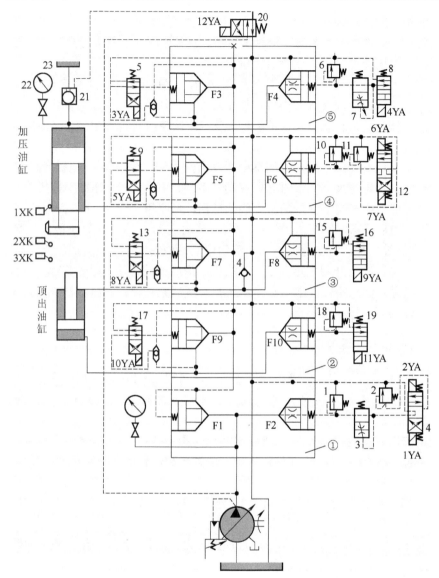

图 8-3　逻辑阀组成的压力机液压系统原理图

- ➤ 插装阀 F_{10} 和调压阀 18 组成一个安全阀，限制辅助液压缸下腔的最高压力；
- ➤ 插装阀 F_7 和电磁阀 13 构成一个二位二通电磁阀，控制顶出液压缸上腔的进油。

（3）顶出液压缸上腔集成：

- ➤ 插装阀 F_8 和电磁阀 16 构成一个二位二通电磁阀，控制顶出液压缸上腔的回油；
- ➤ 插装阀 F_8 和溢流阀 15 组成一个安全阀，限制顶出液压缸上腔的最高压力；
- ➤ 单向阀 14，顶出液压缸作液压垫，活塞浮动下行时，上腔补油；
- ➤ 插装阀 F_5 和电磁阀 9 组成一个二位二通电磁阀，控制加压液压缸下腔的进油。

（4）加压液压缸下腔集成块：

- ➤ 插装阀 F_6 和调压阀 11，调整加压液压缸下腔的平衡压力；
- ➤ 插装阀 F_6 和电磁阀 12，控制加压液压缸下腔的回油；

> 插装阀 F_6 和调压阀 10 组成一个安全阀，限制加压液压缸下腔的最高压力；
> 插装阀 F_3 和电磁阀 5 组成一个二位二通电磁阀，控制加压液压缸上腔的进油。

（5）加压液压缸上腔集成块：

> 插装阀 F_4 和电磁阀 8，控制加压液压缸上腔的回油；
> 插装阀 F_4 和缓冲阀 7、电磁阀 8，加压液压缸上腔卸压缓冲；
> 插装阀 F_4 和调压阀 6 组成安全阀，限制加压液压缸下腔的最高压力。

1. 加压液压缸工作过程

（1）快速下行：液压泵启动后，按下工作按钮，电磁铁 1YA、3YA、6YA 通电，使电磁阀 4 和 5 下位接入系统，电磁阀 12 上位接入系统。因而插装阀 F_2 控制腔与溢流阀 2 相连，插装阀 F_3 和插装阀 F_6 的控制腔则与油箱相通，所以电磁阀 12 关闭，插装阀 F_3 和 F_6 打开，液压泵向系统输油。这时系统中油液流动情况为：

进油路：液压泵—插装阀 F_1—插装阀 F_3—加压液压缸上腔。

回油路：加压液压缸下腔—插装阀 F_6—油箱。

液压机上滑块在自重作用下迅速下降。由于液压泵的流量较小，加压液压缸上腔产生负压，这时液压机顶部的副油箱 23 通过充液阀 21 向加压液压缸上腔补油。

（2）慢速下行：当滑块以快速下行至一定位置，滑块上的挡块压下行程开关 2XK 时，电磁铁 6YA 断电，7YA 通电，使电磁阀 12 下位接入系统，插装阀 F_6 的控制腔与调压阀 11 相连，加压液压缸下腔的油液经过插装阀 F_6 在调压阀 11 的调定压力下溢流，因而下腔产生一定背压，上腔压力随之增高，使充液阀 21 关闭。进入加压液压缸上腔的油液仅为液压泵的流量，滑块慢速下行。系统中油液流动情况为：

进油路：液压泵—插装阀 F_1—插装阀 F_3—加压液压缸上腔。

回油路：加压液压缸下腔—插装阀 F_6—油箱。

（3）加压：当滑块慢速下行碰上工件时，加压液压缸上腔压力升高，恒功率变量液压泵输出的流量自动减小，对工件进行加压。当压力升至调压阀 2 调定压力时，液压泵输出的流量全部经插装阀 F_2 流溢回油箱，没有油液进入加压液压缸上腔，滑块便停止运动。

（4）保压：当加压液压缸上腔压力达到所要求的工作压力时，电接点压力表 22 发出信号，使电磁铁 1YA、3YA、7YA 全部断电，因而电磁阀 4 和 12 处于下位，电磁阀 5 上位接入系统；电磁阀 13 控制腔通压力油，插装阀 F_6 控制腔被封闭，插装阀 F_2 控制腔通油箱。所以，插装阀 F_3、F_6 关闭，插装阀 F_2 打开，这样，加压液压缸上腔闭锁，对工件实施保压，液压泵输出的油液经插装阀 F_2 直接回油箱，液压泵卸荷。

（5）卸压：加压液压缸上腔保压一段所需时间后，时间继电器发出信号，使电磁铁 4YA 通电，电磁阀 8 下位接入系统，于是，插装阀 F4 的控制腔通过缓冲阀 7 及电磁阀 8 与油箱相通。由于缓冲阀 7 节流口的作用，插装阀 F_4 缓慢打开，从而使加压液压缸上腔的压力慢慢释放，系统实现无冲击卸压。

（6）快速返回：加压液压缸上腔压力降低到一定值后，电接点压力表 22 发出信号，使电磁铁 2YA、4YA、5YA、12YA 都通电，于是，电磁阀 4 上位接入系统，电磁阀 8 和 9 下位接入系统，电磁阀 20 左位接入系统；插装阀 F_2 的控制腔被封闭，插装阀 F_4 和 F_5 的控制腔都通油箱，充液阀 21 的控制腔通压力油。因而插装阀 F_2 关闭，插装阀 F_4、F_5 和充液阀 21 打开。液压泵输出的油液全部进入加压液压缸下腔，由于下腔有效面积较小，加压液压缸快速返回。这时系统中油液流动情况为：

进油路：液压泵—插装阀 F_1—插装阀 F_5—加压液压缸下腔。

回油路：分两路，一路加压液压缸上腔—充液阀 21—副油箱。另一路加压液压缸上腔—插装阀 F_4—油箱。

（7）原位停止：当加压液压缸快速返回到达终点时，滑块上的挡块压下行程开关 1XK 让其发出信号，使所有电磁铁都断电，于是全部电磁阀都处于原位；插装阀 F_2 的控制腔依靠电磁阀 4 的 d 型中位机能与油箱相通，插装阀 F_5 的控制腔与压力油相通。因而，插装阀 F_2 打开，液压泵输出的油液全部经插装阀 F_2 回油箱，液压泵处于卸荷状态；插装阀 F_5 关闭，封住压力油流向加压液压缸下腔的通道，加压液压缸停止运动。

2. 液压机顶出缸的工作过程

（1）向上顶出工件：压制完毕后，按下顶出按钮，使电磁铁 2YA、9YA 和 10YA 都通电，于是电磁阀 4 上位接入系统，电磁阀 16 和 17 下位接入系统；插装阀 F_2 的控制腔被封死，插装阀 F_8 和 F_9 的控制腔通油箱。因而插装阀 F_2 关闭，插装阀 F_8、F_9 打开，液压泵输出的油液进入顶出液压缸下腔，实现向上顶出。此时系统中油液流动情况为：

进油路：液压泵—插装阀 F_1—插装阀 F_9—顶出液压缸下腔。

回油路：顶出液压缸上腔—插装阀 F_8—油箱。

（2）向下退回：把工件顶出模子后，按下退回按钮，使 9YA、10YA 断电，8YA、11YA 通电，于是电磁阀 13、19 下位接入系统，电磁阀 16、17 上位接入系统；插装阀 F_7、F_{10} 的控制腔与油箱相通，插装阀 F_8 的控制腔被封闭，插装阀 F_9 的控制腔通压力油。因而，插装阀 F_7、F_{10} 打开，插装阀 F_8、F_9 关闭。液压泵输出的油液进入顶出液压缸上腔，其下腔油液回油箱，实现向下退回。这时系统中油液流动情况为：

进油路：液压泵—插装阀 F_1—缓冲阀 7—顶出液压缸上腔。

回油路：顶出液压缸下腔—插装阀 F_{10}—油箱。

（3）原位停止：顶出液压缸到达下终点后，使所有电磁铁都断电，各电磁阀均处于原位；插装阀 F_8、F_9 关闭，插装阀 F_2 打开。因而顶出液压缸上、下腔油路被闭锁，实现原位停止，液压泵经插装阀 F_2 卸荷。

8.2　组合机床动力滑台液压系统

组合机床由于操作简单、效率高，在机械加工行业获得广泛应用，其通用部件——动力滑台用于实现主轴头的进给运动，进行各种加工工序。液压动力滑台利用液压缸的往复运动实现滑台的换向及速度转换；其要求是速度转换平稳、进给速度稳定、效率高。

图 8-4 所示为某型机床动力滑台液压系统，可以实现快进、一次工进、二次工进、工进停止、快退、原位停止功能。

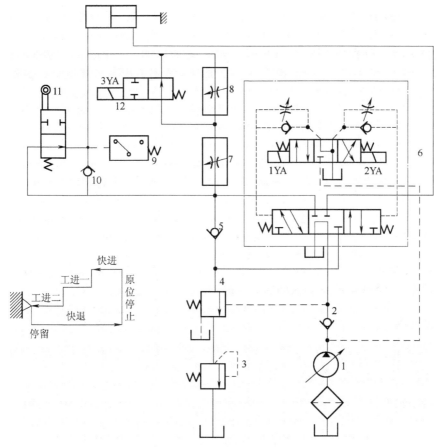

图 8-4　某型机床动力滑台液压系统

系统主要由限压式叶片泵提供压力油，由电液换向阀、行程阀、顺序阀、溢流阀、电磁阀、节流阀、单向阀及压力开关等组成控制系统，往复缸驱动滑台运动。

8.2.1　液压系统工作原理

1．快进过程

按下系统启动按钮，电磁铁 1YA 通电，电液换向阀 6 的先导阀芯右移，主阀芯右移，单向阀 10 处于左位，液压泵输出压力油经单向阀 2、换向阀 6、行程阀 11 进入液压缸左腔；液压缸右腔回油经换向阀 6、单向阀 5、行程阀 11 至液压缸左腔，形成差动连接，液压缸快进。

2．一次工进过程

滑台快速移动到预定位置，滑台上的行程挡块压下行程阀 11 阀芯，行程阀 11 处于上位，油路切断，压力油经单向阀 2、换向阀 6、节流阀 7、电磁阀 12（处于右位）进入液压缸左腔；由于节流阀 7 的节流作用，压力升高，单向阀 5 关闭，关闭了差动连接油路；液压缸右腔回油经换向阀 6、顺序阀 4 和溢流阀（作背压阀用）3 回油箱，系统完成一次工进。工进过程系统压力升高，变量泵 1 自动减小输出流量，进给速度由节流阀 7 调节。

3. 二次工进过程

一次工进结束，行程挡块压下行程开关，3YA 电磁铁通电，电磁阀 12 换向，变量泵 1 的压力油经单向阀 1、换向阀 6、节流阀 7、8 进入液压缸左腔，由于节流阀 8 的节流作用，进给速度降低；回油与一次工进相同。

4. 进给停留

当滑台进给完毕，滑台接触止挡块停止，系统压力继续升高，当压力达到压力开关 9 的设定值时，压力开关 9 动作，经时间继电器延时后发出返回信号；滑台的停留时间由延时继电器决定。

5. 快退过程

返回信号控制 2YA 通电、1YA、3YA 断电，泵 1 的压力油经单向阀 2、换向阀 6 至液压缸右腔；左腔回油经单向阀 10、换向阀 6 回油箱。

6. 原位停止

滑台退回到位，行程挡块压下行程开关，发出信号使 2YA 断电，换向阀 6 回中位，系统油路切断，滑台停止运动，变量泵 1 卸荷。

8.2.2 系统的特点

系统液压泵为限压式叶片泵，结合节流阀、背压阀调速，低速稳定性好、调速范围广。
采用差动连接液压缸，滑台停止运动时液压泵卸荷，能耗低、效率高。
采用行程阀、顺序阀实现进给速度转换，电气系统简单、可靠。

习　　题

8-1　行走式堆码机，由行走底盘及六自由度圆柱坐标机械手组成，机械手可完成升降、仰俯、臂伸缩、臂回转、手腕偏转及手指加紧动作；分析图 8-5 所示的堆码机液压系统，说明其工作过程。

8-2　叙述图 8-6 所示的双泵供油快速运动系统回路的工作原理；其中泵 1 为大流量泵、泵 2 为小流量泵。

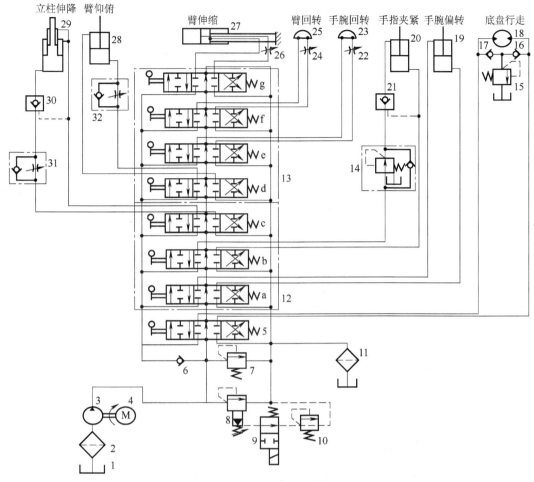

图 8-5　堆码机液压系统

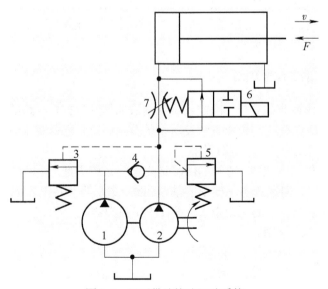

图 8-6　双泵供油快速运动系统

第9章 液压系统的设计

9.1 液压系统设计概述

一般所说液压系统的设计是泛指液压传动系统的设计,其出发点可以是充分发挥其组成元件的工作性能,也可以是着重追求其工作状态的绝对可靠。前者着眼于效能,后者着眼于安全;实际的设计工作则常常是这两种观点的不同程度的组合。因此,液压系统的设计至今为止,还没有公认的统一的设计步骤,往往因系统的繁简,借鉴的多寡,设计人员的考虑不同、经验不同导致其做法不同。液压系统的设计过程,主要有以下几方面的设计步骤:

(1)明确对液压系统的工作要求。

(2)拟定液压系统的工作原理图。

(3)选择执行元件及确定主要参数。

(4)液压泵组的计算和选择

(5)液压控制阀件的选择。

(6)选择液压辅件。

(7)液压系统性能校核计算。

(8)绘制系统工作图、编制技术文件。

9.1.1 明确对液压系统的工作要求

在液压系统的设计过程中,首先应明确工作机械的外负载性质、工况及使用要求,从而确定液压系统的主要性能和应用要求。液压系统的设计要求包括:运动方式、行程、速度范围、负载条件、运动平稳性、精度、工作循环和动作周期、同步或连锁等。工作环境包括环境温度、湿度、防火要求及安装空间的大小等。

9.1.2 拟定液压系统的工作原理图

根据液压系统工作性能的要求,确定系统中油液的循环方式、回路的组合方式、液压执行元件的类型及数量,确定系统的调速方法及所用的基本回路,选择液压泵,确定辅助性回路和元件,即可拟定出液压系统的工作原理图。

拟定液压系统工作的原理图,通常的做法是先选定系统类型,再以执行元件的运动循环图和负载循环图为依据,分别选择各项要求的基本回路,最后再将各基本回路组合成完整的液压系统。由于影响液压系统方案的因素很多,设计中仍主要靠经验法完成。下面简要介绍液压系统方案拟定中的两个基本原则。

1. 基本回路的选择

基本回路的种类很多,结构特点及适用场合都不尽相同,下面简要介绍一些最重要的基本回路的选择。

1）调速回路

液压系统原理图的核心是调速回路，调速方案和调速回路对其他回路的选择具有决定性的影响，应首先选定调速回路。主要选用原则如下：

（1）对于调速范围大，要求低速稳定性好的小功率系统采用节流调速回路。

（2）上述回路不允许较大温升者，应采用容积节流调速回路。

（3）速度稳定性要求不高的大功率系统，应采用容积调速回路。

2）快速运动回路

设置快速回路的目的，是用尽可能小的泵流量实现所需的快进速度，以减小泵和电机的容量，提高系统的效率。对于要求快进快退速度相等的单杆式双作用活塞缸，可采用差动快进回路；短期流量大，所需油液体积总量较小时，可采用蓄能器快进回路；对于快进速度大，持续时间较长的系统，可采用双泵供油快进回路。

3）速度换接回路

速度换接回路与调速回路及快速回路关系密切，一般来说，当上述两种回路选定后，速度换接回路的结构也就随之确定了，这里的问题在于采用什么样的控制方式来实现速度换接。

常用的控制方式有三种，下面简述它们的特点及适用场合。

（1）机械控制：利用机动换向阀实现速度换接。其特点是速度换接平稳，安全可靠，且可以在给定的位置准确实现速度换接，广泛应用于各种液压系统。

（2）电气控制：利用电磁铁控制电磁阀换向来实现速度换接。其特点是结构简单，调整控制灵活方便，但换接平稳性和位置准确性较差，适用于速度平稳性要求不高的场合。

（3）压力控制：利用压力继电器发信号控制电磁阀换向或直接利用压力差控制顺序阀来实现速度换接。控制灵活方便，但由于信号源是压力，在压力波动大的场合，可靠性稍差。为使工作可靠，压力继电器必须安装在速度换接时压力变化最大的地方。

4）换向回路

除闭式回路双向变量泵系统用泵换向外，一般系统均用换向阀换向。选择换向回路的核心是选择换向阀的形式，以实现对于换向精度及换向平稳性的要求。一般来说，换向性能要求高，应选用机动换向阀或液动换向阀，若对于换向性能无特别要求，应选用电磁阀。此外，应特别注意中位机能的选用。利用中位机能来实现差动、卸荷等功能时，有可能使系统大为简化。

5）压力控制回路

压力控制回路的种类很多，通常将调压、限压回路与油源回路合并考虑。卸荷回路多与油源回路或换向回路合并考虑，而保压回路、减压回路等，则需根据要求单独考虑。此外，控制油路的压力稳定问题需要特别注意。例如，采用二通插装阀的系统，必须确保控制油路的压力不受主油路压力波动的影响，否则可能引起误动作；又如，采用液动换向阀的中位机能卸荷系统，若卸荷压力过低，则一旦卸荷就无法再次启动。

2. 液压系统的合成

当各基本回路选定后，将它们有机连接，再配置必要的辅助性回路及辅助元件即可组成完整的液压系统。在合成液压系统时应注意如下问题：

（1）合理调整系统，排除各回路各元件间的相互干扰，保证正常工作循环安全可靠。

（2）合并或去掉作用重复的元件和管路，功能相近的元件应尽可能统一规格和类型，力求系统结构简单，元件数量和类型尽量少。

（3）合理布置各元件的安装位置，保证各元件能正常发挥作用。

（4）注意防止液压振动和液压冲击，必要时应增加蓄能器、缓冲装置或缓冲回路。

（5）合理布置并预留测压点，以方便调试系统，并在正常使用中对系统实施有效的监控。

（6）尽量选用标准元件。

9.1.3　选择执行元件及确定主要参数

液压执行元件主要有液压缸和液压马达两大类，主要根据工作机械的应用要求来选择。液压执行元件型号、规格的选择一般应与系统工作压力和流量参数的确定相协调考虑。

1. 液压缸主要参数的确定

液压缸的主要参数有缸内径、活塞杆直径、工作压力和行程长度等。

从满足驱动负载的要求来确定缸的内径和活塞杆直径。以单活塞杆双作用液压缸为例。

单活塞杆式双作用油缸左、右两腔的有效工作面积不相等，因此，这种油缸左、右两个方向的推力也不相等。若假设进油腔的压力和回油腔的压力分别为 p_1 和 p_2，则左右两个方向的推力分别为

$$F_1 = p_1 A_1 - p_2 A_2 = \frac{\pi}{4}[D^2 p_1 - (D^2 - d^2)p_2]$$
$$F_2 = p_1 A_2 - p_2 A_1 = \frac{\pi}{4}[(D^2 - d^2)p_1 - D^2 p_2]$$
（9-1）

由于液压缸回油腔的压力一般都比较小，在设计计算中，对于普通液压缸可以忽略不计。因此，确定液压缸的尺寸参数首先是确定它的工作压力。

选择适当的液压缸工作压力是一个很重要的问题。主要从结构尺寸、经济性、可靠性和使用寿命等多方面来考虑。一般讲，工作压力选大些，可以减小液压缸及液压系统中其他元件的尺寸，但对系统的密封性能要求高，同时还要选用高压泵，使得系统的成本增加，而且对系统的可靠性和使用寿命都有不利的影响。相反，如果系统的工作压力选得低，就会增大液压缸内径和其他液压元件的尺寸，导致整个液压系统庞大。因此，必须合理确定液压缸的工作压力。

确定液压缸的工作压力以后，可根据所受的最大推力负载，计算液压缸的内径。即

$$D = \sqrt{\frac{4F_1}{\pi p_1}}$$
（9-2）

在初步计算出液压缸的内径后，可以按往复运动时的速度之比 φ 来计算液压缸活塞杆的直径。即

$$\varphi = \frac{v_2}{v_1} = \frac{\frac{\pi}{4}D^2}{\frac{\pi}{4}(D^2 - d^2)} = \frac{D^2}{D^2 - d^2}$$

$$\frac{d}{D} = \sqrt{\frac{\varphi - 1}{\varphi}}$$ （9-3）

一般液压缸设计所推荐的往返速比见表 9-1。

表 9-1　推荐的往返速比

往返速比 φ	1.25	1.33	1.46	1.61	2	2.5
活塞杆直径 d	0.45D	0.5D	0.55D	0.62D	0.7D	0.77D

如果计算的液压缸尺寸对工作机械来说太大了，则可考虑提高工作压力并重新进行计算。当确定了液压缸的内径和活塞杆直径之后，应按产品的尺寸系列选取标准值。

此外，由于结构尺寸的限制等原因，液压缸内径、活塞杆直径事先已确定时，可按液压缸最大负载、液压缸内径、活塞杆直径计算工作压力。

确定液压缸的行程长度时，应满足工作机械的使用要求。

2. 液压马达主要参数的确定

液压马达的主要参数有排量、工作压力、转矩和调速范围等。

液压马达所需的排量 q 由下式计算。

$$q = \frac{2\pi M}{p\eta_m}$$ （9-4）

在选择和设计时，应使液压马达的工作压力低于其额定工作压力，以保证液压马达有较长的使用寿命。

计算出液压马达的排量之后，应从产品的规格系列中选取标准值。

此外，确定了液压马达的型号、规格之后，还应确认液压马达的调速范围是否满足工作机械的使用要求。

3. 确定系统的流量

执行元件选择之后，即可计算出系统所需的流量。

液压缸所需的流量 Q，可根据其结构尺寸和运动速度来确定。即

$$Q = Av_{max}$$ （9-5）

式中：A 为液压缸进油腔有效面积；v_{max} 为液压缸的最大运动速度。

液压马达所需的流量 Q 可根据其排量和旋转角速度来确定。即

$$Q = \frac{qn_{max}}{\eta_v}$$ （9-6）

式中：n_{max} 为液压马达的最大转速；η_v 为液压马达的容积效率。

由式（9-5）和式（9-6）可知，如果液压缸的尺寸或液压马达的排量大，则系统所需的流量也随之增大，泵站的输出流量和体积也要增大。在这种情况下，为了降低系统的流量，可考虑提高系统的工作压力，使液压缸的尺寸或液压马达的排量减小。

9.1.4 液压泵组的计算和选择

1. 液压泵的选择

液压泵是液压系统的动力装置，要选用符合回路所需性能的液压泵，同时要充分考虑可靠性、寿命、维修等，以便所选的泵能在系统中长期运行。

1）计算液压泵的工作压力

液压泵的工作压力 p_p 必须等于（或大于）执行元件最大工作压力 p_1 及同一工况下进油路上总压力损失 $\sum \Delta p_1$ 之和。即

$$p_p = p_1 + \sum \Delta p_1 \tag{9-7}$$

式中：p_1 可以从工况图中找到；$\sum \Delta p_1$ 按经验资料估计：一般节流调速和管路较简单的系统取 $\sum \Delta p_1 = 0.2 \sim 0.5 \text{MPa}$，进油路上有调速阀或管路复杂的系统取 $\sum \Delta p_1 = 0.5 \sim 1.5 \text{MPa}$。

2）计算液压泵的流量

液压泵的流量 Q 必须等于（或大于）执行元件工况图上总流量的最大值 $(\sum q_i)_{\max}$。这里，$\sum q_i$ 为同时工作的执行元件流量之和；q_i 为工作循环中某一执行元件在第 i 个动作阶段所需流量和回路的泄漏量这两项之和。若回路的泄漏折算系数为 K（$K = 1.1 \sim 1.3$），则

$$Q = K(\sum q_i)_{\max} \tag{9-8}$$

对于节流调速系统，若最大流量点处于调速状态，则在泵的供油量中还要增加溢流阀的最小（稳定）溢流量 3L/min。

如果采用蓄能器储存压力油，泵的流量按一个工作循环中液压执行元件的平均流量估取。

3）选择液压泵的规格

在参照产品样本选取液压泵时，泵的额定压力应选得比上述最大工作压力高 25%～60%，以便留有压力储备；额定流量则只需满足上述最大流量需要即可。

2. 确定驱动电机功率

驱动电机功率 P 按工况图中执行元件最大功率 $P_{\max}$ 所在工况（动作阶段）计算。若 $P_{\max}$ 所在工况 i 的泵的工作压力和流量分别为 P_{pi}、Q_{pi}；泵的总效率为 η_p，则驱动电机的功率为

$$P = \frac{P_{pi}Q_{pi}}{\eta_p} \tag{9-9}$$

关于泵的总效率 η_p，对齿轮泵取 0.60～0.70；叶片泵取 0.60～0.75；柱塞泵取 0.80～0.85。泵的规格大时取大值，反之取小值。变量泵取小值，定量泵取大值。当泵的工作压力只有其额定压力的 10%～15% 时，泵的总效率将显著下降，有时只达 50%。变量泵流量为其公称流量的 1/4 或 1/3 以下时，其容积效率也明显下降，计算时应予以注意。

9.1.5 液压控制阀件的选择

液压阀的规格是根据系统的最高工作压力和通过该阀的最大实际流量从产品样本中选取的。一般要求所选阀的额定压力和额定流量要大于系统的最高工作压力和通过该阀的最大实际

流量，必要时通过该阀的最大实际流量可允许超过其额定流量，但最多不超过 20%，以避免压力损失过大，引起油液发热、噪声和其他性能恶化。对于流量阀，其最小稳定流量还应满足执行元件最低速度的要求。

9.1.6　选择液压辅件

1. 确定管道尺寸

在实际设计中，管道尺寸、管接头尺寸常选得与液压阀的接口尺寸相一致，这样可使管道和管接头的选择简单。

2. 确定油箱的容量

油箱的容量 V 可按下面推荐数值估取（ Q_e 为液压泵的额定流量）。

低压系统：$p < 2.5\text{MPa}$ ，$V = (2\sim4)Q_e$ ；

中压系统：$p < 6.3\text{MPa}$ ，$V = (5\sim7)Q_e$ ；

中高压系统：$p > 6.3\text{MPa}$ ，$V = (6\sim12)Q_e$ 。

中压以上系统（如工程、建筑机械液压系统）都带有散热装置，其油箱容积可适当减少。按上式确定的油箱容积，在一般情况下都能保证正常工作。但在功率较大而又连续工作的工况下，需要按发热量验算后确定。

3. 蓄能器、滤油器等的选用

蓄能器、滤油器等可按工作压力、容量、流量、压力等选用。

9.1.7　液压系统性能校核计算

上述液压系统的初步设计是在某些参数，如进油路的压力损失 Δp 、回油路的背压及油箱的有效容积 V 等按经验取值的前提下进行的。故当液压系统图、液压元件及连接管路等确定后，就必须对所取经验数据进行验算，并对系统的效率、发热及液压冲击等进行估算。发现问题则需修正设计或采取其他必要的措施。

1. 液压系统压力损失计算

液压系统压力损失包括进油路的压力损失 Δp 及背压。若计算结果比所取经验数据大得多，则应修正设计，否则所选原动机就拖不动液压泵。而且，系统压力损失太大，不仅会降低系统效率，增大系统发热量，也会影响系统的其他性能。例如在定量泵系统中，Δp 过大时系统压力有可能超过溢流阀或卸荷阀的调整值，致使溢流阀溢流，液压执行元件的速度明显降低。在双泵及限压式变量泵系统中，轻载快速运动时系统压力就会超过转换压力，使进入液压执行元件的油流量减少，从而使负载的运动速度下降。

2. 液压系统效率计算

液压系统的效率 η 反映系统在进行能量转换和传递过程中，能量有效利用的程度。显然它

与液压泵的效率 η_p、液压执行元件的效率 η_m 及回路效率 η_c 有关，其表达式为

$$\eta = \frac{\sum P_m}{\sum P_p} = \eta_p \eta_c \eta_m \qquad (9\text{-}10)$$

式中：$\sum P_m$ 为多台同时工作的液压执行元件输出功率之和，W；$\sum P_p$ 的液压泵的输入功率之和，W。液压泵、液压马达及液压缸的效率可查相关表格。

3. 液压系统发热温升验算

液压系统在单位时间内的发热量 ϕ 可由下列各式估算：

$$\phi = \sum P_p - P_m \qquad (9\text{-}11)$$

$$\phi = \sum P_p (1 - \eta_p \eta_c \eta_m) \qquad (9\text{-}12)$$

计算出来的发热量折算成油温，若超过规定的允许最高油温时，系统中就需设置冷却器。

4. 液压冲击验算

液压冲击不仅会使系统产生振动和噪声，面且会使液压元件、密封装置等损坏。产生液压冲击的原因很多，例如换向阀的快速换向；液压执行元件的启动和制动；液压元件受到冲击性的外负载；蓄能器的选择及安装位置等。

9.1.8 绘制系统工作图、编制技术文件

系统工作图包括液压系统图和各种非标准件设计图。

液压系统图由液压系统草图经修改、补充、完善而成，图中要标明液压元件的规格、型号、动作循环图，动作顺序表和其他需要说明的问题。

各种装配图是正式施工和安装的图纸，其中包括：管路装配图，图中要标明各液压元件的位置、固定方式、油管的规格、尺寸、管子的连接位置，管件端部要标上号码，与其相连的元件油口也要标上相对应的号码。

此外，装配图中还应包括非通用泵站装配图、电路系统图、各种非标准件的装配图。有装配图的元件，也应画出全套的零件图。

技术文件一般包括设计计算书，零部件目录表，标准件、通用件和外购件总表、技术说明书、试车要求、操作使用说明书等项内容。

9.2 8t 液压起货机起升回路液压系统设计

9.2.1 起货机对液压起升回路的要求

（1）能方便地进行货物的升降、调速等操作，以保证工作的高效安全。

（2）要求卷扬机构微动性好，启、制动平稳，重物停在空中任意位置能可靠制动，防止二次下滑问题。

为满足要求，起货机构通常由原动机（本处采用液压马达）、减速器、卷筒、制动器、离合器、钢丝绳滑轮组和吊钩等组成。起升机构简图如图 9-1 所示。

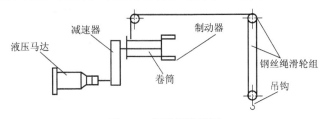

图 9-1　起升机构简图

液压系统起升回路起到使重物升降的作用。起升回路主要由液压泵、换向阀、平衡阀、液压制动器和液压马达组成。液压起货机液压系统原理图如图 9-2 所示。

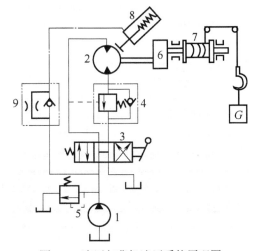

图 9-2　液压起货机液压系统原理图

1—液压泵；2—液压马达；3—手动换向阀；4—平衡阀；5—溢流阀；6—减速器；
7—卷筒；8—制动液压缸；9—单向节流阀

为了实现货物升降在油泵与马达间设置手动换向阀 3；为防止货物在下行的超速下滑或悬空停止期间的自行下滑，系统设置外控平衡阀 4；系统设置单作用制动液压缸 8 与单向节流阀 9 配合可实现起升货物时及时松开刹车、马达初始工作时延时松开刹车。

液压系统起升回路工作过程：当手动换向阀 3 处于右位时，通过液压马达 2、减速器 6 和卷筒 7 提升重物 G，实现吊重上升。而换向阀处于左位时下放重物 G，实现负重下降，这时平衡阀 4 起平稳作用。当换向阀处于中位时，回路实现承重静止。由于液压马达内部泄漏比较大，即使平衡阀的闭锁性能很好，但卷筒—吊索机构仍难以支撑重物 G。如要实现及时制动，可以设置常闭式制动器，依靠制动液压缸 8 来实现。在换向阀右位（吊重上升）和左位（负重下降）时，液压泵 1 压出液体同时作用在制动缸下腔，将活塞顶起，压缩上腔弹簧，使制动器闸瓦拉开，这样液压马达不受制动。换向阀处于中位时，油泵卸荷，出口压力接近零，制动缸活塞被弹簧压下，闸瓦制动液压马达，使其停转，重物 G 就静止于空中。

为了防止起升机构开始提升重物时，产生打滑，只有当液压马达产生一定的驱动力矩，然后制动缸才彻底拉开制动闸瓦。所以在通往制动缸的支路上设置单向节流阀 9，由于单向节流阀 9 的作用，拉开闸瓦的时间延长，有一段缓慢的动摩擦过程；同时，马达在结束负重下降后，手动换向阀 3 回复中位，单向节流阀 9 允许迅速排出制动缸下腔的液体，使制动闸瓦尽快刹车液压马达，避免重物 G 继续下降。

9.2.2　液压系统设计

本节以 8t 液压起货机为例，介绍液压系统主要液压元件的选择。

1. 某型 8t 液压起货机液压系统参数的初定

最大起重量 8t；

最高提升速度 $v_{max} = 18\ \mathrm{m/min}$；

吊钩滑轮组倍率为 $K = 6$，效率 $\eta_1 = 0.95$；

钢丝绳导向滑轮效率 $\eta_v = 0.95$；

起升卷筒上钢丝绳最外层直径 $D_{max} = 400\mathrm{mm}$；

起升传动比 $i = 20$、效率 $\eta_{ch} = 0.95$；

根据相关标准及液压系统选型手册，系统工作压力参见表 9-2，初步选定系统的工作压力为 $\Delta p = 20\mathrm{MPa}$。

表 9-2　各种机械常用的系统工作压力

机械类型	磨床	组合机床	建筑机械	起重运输机械
工作压力（MPa）	<0.8～2	3～5	10～18	20～30

2. 起升马达的计算和选择

参考《液压传动系统》和《液压工程师技术手册》对系统液压元件进行设计。

（1）作用于钢丝绳上的最大静拉力

$$S_{max} = \frac{Q}{K\eta_1\eta_a} \tag{9-13}$$

式中：S_{max} 为作用于钢丝绳上的最大静拉力，N；Q 为起重量，$Q = 8000 \times 9.8 = 78\ 400(\mathrm{N})$；$K$ 为吊钩滑轮组倍率；η_1 为吊钩滑轮组效率；η_a 为钢丝绳导向滑轮效率。

$$S_{max} = \frac{78\ 400}{6 \times 0.95 \times 0.95} = 14\ 478.3\ (\mathrm{N})$$

（2）起升马达所受最大扭矩

$$M_{max} = \frac{\varPhi_2 S_{max} D_{max}}{2i\eta_{ch}} \tag{9-14}$$

式中：$\varPhi_2$ 为动力系数，由 $\varPhi_2 = 1 + 0.35v$，其中 v 是最高起升速度，由于 $v = 18\mathrm{m/min} = 0.3\mathrm{m/s}$，则 $\varPhi_2 = 1 + 0.35 \times 0.3 = 1.105$；$S_{max}$ 为作用于钢丝绳上的最大静拉力，N；D_{max} 为起升卷筒上钢丝绳最外层直径，$D_{max} = 400\mathrm{mm}$；i 为起升传动比，$i = 20$；η_{ch} 为起升效率，$\eta_{ch} = 0.95$。

$$M_{max} = \frac{1.105 \times 14478.3 \times 0.4}{2 \times 20 \times 0.95} = 168.41 \text{（N·m）} \tag{9-15}$$

（3）液压马达的排量

$$q_m = \frac{2\pi M_{max}}{\Delta p \eta_m} \tag{9-16}$$

式中：M_{max} 为起升马达受到的最大扭矩，$M_{max} = 168.41\text{N·m}$；$\Delta p$ 为系统的工作压力，$\Delta p = 20\text{MPa}$；η_m 为液压马达机械效率，通常取 $\eta_m = 0.92$。

$$q_m = \frac{2 \times 3.14 \times 168.41}{20 \times 10^6 \times 0.92} = 57.48 \quad \text{（cm}^3/\text{r）}$$

（4）液压马达转速

$$n_{max} = \frac{Kiv_{max}}{\pi D_{max}} \tag{9-17}$$

式中：K 为吊钩滑轮组倍率；i 为起升传动比，$i = 20$；v_{max} 为最高提升速度，$v_{max} = 18\text{m/min}$；D_{max} 为起升卷筒上钢丝绳最外层直径，$D_{max} = 400\text{mm}$。

$$n_{max} = \frac{6 \times 20 \times 18}{3.14 \times 0.4} = 1\,720 \text{（r/min）}$$

（5）液压马达的选择

根据马达所受到的压力、最大扭矩以及需要的转速和排量查阅液压马达产品样本，使其满足要求。选取的马达的具体参数如下：额定压力为 20MPa，转速 150～2 000r/min，排量 40～63mL/r，输出转矩 115～180N·m。

3. 液压泵的计算与选择

（1）液压泵的工作压力（必须满足马达要求）

$$p_1 = \frac{2\pi M_{max}}{q_m \eta_m} \tag{9-18}$$

式中：p_1 为液压马达的最大工作压力；M_{max} 为起升马达所受最大扭矩 $M_{max} = 168.41\text{N·m}$；$q_m$ 为起升马达排量，cm^3/r，$q_m = 57.48\text{cm}^3/\text{r}$；$\eta_m$ 为起升马达机械效率，$\eta_{m1} = 0.92$。

$$p_1 = \frac{2 \times 3.14 \times 168.41}{57.48 \times 0.92} = 20 \text{（MPa）}$$

查相关手册得到液压泵的最大工作压力 p_{max}

$$p_{max} \geqslant p_1 + \sum \Delta p \tag{9-19}$$

式中：$\sum \Delta p$ 为从液压泵出口到液压马达入口之间总的管路损失，由于管路复杂，故取 $\sum \Delta p = 0.5 \sim 1.5\text{MPa}$。

则液压泵的最大工作压力 $p_{max} \geqslant 20 + 1.5 = 21.5\text{MPa}$。

（2）查相关手册得到确定液压泵的流量 $q_{v max}$

$$q_{v max} \geqslant K \sum q_{v max} \tag{9-20}$$

式中：K 为系统漏油系数，一般取 $K = 1.1 \sim 1.3$，这里取 $K = 1.3$；$\sum q_{v max}$ 为包括液压马达的最大总流量 Q_{max}，同时由于工作过程中用到节流调速所以要加上溢流阀的最小溢流量 Q_{yl}，一般取：$Q_{yl} = 0.5 \times 10^{-4} \, \text{m}^3 / \text{s} = 0.0008 \text{L/min}$。

$$q_{max} = n_{max} \times q_m = 1\,720 \times 57.48 = 98\,865.6 \,\left(\text{m}^3 / \text{min} \right) = 98.87 \,\left(\text{L} / \text{min} \right)$$

液压泵的流量

$$q_{v max} = 1.3 \times (98.87 + 0.000\,8) = 128.53 \,(\text{L/min})$$

（3）液压泵的选择

液压泵主要有齿轮泵、叶片泵和柱塞泵等三种类型。对于起货机，其液压系统负载大、功率大、精度要求不高，可考虑采用柱塞泵。根据系统的要求以及最高压力 p_{max} 、最大流量 $q_{v max}$ 的需要，查相关产品样本即可选取液压泵。

4. 电机选择

选定液压泵后，按照液压泵的功率选择驱动电机，从电机样本中选择合适的电机，电机功率应保证要求的储备。

5. 阀类元件的选择

液压控制阀件的规格主要是根据通过该阀最大流量和最高压力在产品样本中选取，压力控制阀主要应考虑调节范围和通过的最大流量，流量控制阀主要应考虑流量调节范围和额定工作压力，方向控制阀主要应考虑额定压力和流量。液压元件型号及规格见表9-3。

表9-3　液压元件型号及规格

序　号	名　称	主　要　参　数	型　号　规　格
1	液压泵	压力 35MPa，流量 160L/min	A4VSO250MA
2	液压马达	压力 35MPa，转速 2650r/min，扭矩 889N·m	AV6160MA
3	溢流阀	压力 35MPa，流量 500L/min	DBW15
4	平衡阀	压力 31.5MPa，流量 160L/min	FD10
5	单向节流阀	压力 31.5MPa，流量 25L/min	MK6
6	手动换向阀	压力 31.5MPa，流量 200L/min	DMG-10-2B-40

9.2.3　系统校核计算

1. 液压系统压力校核

（1）计算系统阻力。根据管路布置、材料、尺寸、液压油性能等参数计算管路阻力及局部阻力。

（2）根据阀件参数、数量计算阀件阻力。

（3）驱动负载需要的压力。

将以上压力、阻力综合计算出系统的实际压力，与液压泵额定压力比较，确定压力余量是否符合设计要求。

2. 发热量计算

根据液压泵功率、效率计算出系统发热量，确定油箱尺寸、冷却器设计或选型。

9.2.4　技术文件编制

技术文件编制有以下几项。

（1）液压系统原理图。

（2）执行元件工作循环图；电磁铁、压力继电器动作顺序等。

（3）设备安装图。

（4）电气接线图。

（5）设计说明书。

（6）使用维护说明书。

（7）元件清单。

习　　题

9-1　试用所学液压元件构成一个实用液压系统，使其具有以下功能（不得有多余功能）：

（1）可带动旋转载荷；

（2）可换向，实现正反旋转；

（3）执行机构停止时，应能够自锁；

（4）可调整系统工作压力；

（5）主油泵停止工作时，能自动与系统隔离并卸载。

液压元件任选，绘制液压系统原理图，说明工作过程。

9-2　如图 9-3 所示，一个液压泵驱动两个油缸串联工作。已知两油缸尺寸相同，缸体内径 $D = 90\text{mm}$，活塞杆直径 $d = 60\text{mm}$，负载 $F_1 = F_2 = 10\text{kN}$，泵输出流量 $q_v = 25\text{L/min}$，不计容积损失和机械损失，求油泵的输出压力及活塞运动速度。

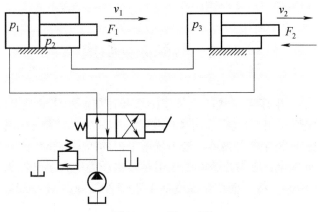

图 9-3　习题 9-2 图

第10章 气源系统

产生、处理和储存压缩空气的设备称为气源设备，由气源设备组成的系统称为气源系统。

10.1 对压缩空气的品质要求

空气压缩机从大气中吸入含有水分和灰尘的空气，经压缩后，空气温度较高，并混有水汽、灰尘及润滑油等杂质，如果将此压缩空气直接输送给气动装置使用，将会产生下列各种各样的不利影响：

（1）高温的影响。空气被压缩时，释放出大量的热量。空气压缩机出口空气温度在80℃以上，最高时达140～170℃。如果高温空气直接进入气动回路，将引起密封件、膜片和软管等材料的老化。

（2）油蒸气的影响。油蒸气进入系统后，部分又冷凝成油垢，与气动元件的润滑脂结合，降低了元件的润滑性能。另外，油蒸气随压缩空气排入大气，将污染工作环境。

（3）水分的影响。压缩空气中的水分，在一定压力温度条件下会饱和而析出水滴。气动系统中的水分将使气缸、阀等元件润滑条件恶化，引起故障，并缩短元件使用寿命。

（4）灰尘的影响。空气中的灰尘等污染物沉积在系统内，与凝聚的油分、水分混合形成胶水物质，堵塞节流孔和气流通道，使系统不能正常工作；同时，胶水物质作用还将引起阀换向、气缸行程不到位，使系统不能稳定工作。

因此，为保证气动系统正常工作，气源系统必须设置一些冷却、除油、除水和除尘的辅助设备，使空气品质达到要求后，才能使用。

10.2 气源系统组成

气源系统主要包括产生压缩空气的空气压缩机和使气源净化的辅助设备，系统组成如图10-1所示。其工作原理为：由空气压缩机4产生的一定压力和流量的压缩空气进入小气罐1，以减小空气压缩机排出压缩空气的脉动。当小气罐1内的压力超过允许限度时，安全阀3自动打开向外排气，以保证安全；压力开关6的作用是根据压力的大小来控制电动机的启、停；压缩空气进入后冷却器10后，将压缩空气温度从140～120℃降至40～50℃；同时，使压缩空气中的部分高温汽化油分和水蒸气冷凝出来。油水分离器11进一步将压缩空气中的水、油分离出来。最后，压缩空气进入气罐12。气罐12的主要作用在于降低压缩空气的压力脉动，储存一定量空气以供短时较大耗气需要，以及停电时起安全作用。

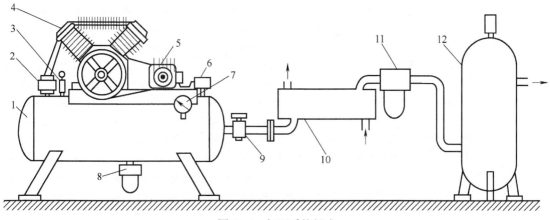

图 10-1　气源系统组成

1—小气罐；2—单向阀；3—安全阀；4—空气压缩机；5—电动机；6—压力开关；
7—压力计；8—自动排水器；9—截止阀；10—后冷却器；11—油水分离器；12—气罐

10.2.1　空气压缩机

空气压缩机又简称空压机，它把原动机（如电动机）输出的机械能转化为气体的压力能。空气压缩机的种类很多，按工作原理可分为容积式和速度式两大类。在气压传动系统中，一般采用容积式空气压缩机。

按输出压力高低来分，空气压缩机的分类见表 10-1。

表 10-1　空气压缩机的分类

鼓风机	$p \leqslant 0.2MPa$	
低压空气压缩机	$0.2MPa \leqslant p \leqslant 1MPa$	小型系统中常用
中压空气压缩机	$1MPa < p \leqslant 10MPa$	工厂压气站用
高压空气压缩机	$10MPa < p \leqslant 100MPa$	
超高压空气压缩机	$p > 100MPa$	

按输出流量来分，可分为微型空气压缩机（$q \leqslant 1m^3/min$）、小型空气压缩机（$1m^3/min < q \leqslant 10m^3/min$）、中型空气压缩机（$10m^3/min < q \leqslant 100m^3/min$）、大型空气压缩机（$q > 100m^3/min$）。

空气压缩机的工作原理：气压传动系统中最常用的是往复活塞式空气压缩机，其工作原理如图 10-2 所示。当活塞 3 向下移动时，气缸 2 的压力低于大气压力 p_0，吸气阀 9 打开，空气在大气压力作用下进入气缸 2，此过程称为吸气过程；当活塞 3 向上移动时，吸气阀 9 在气缸 2 内压缩气体的作用下关闭，气缸内气体被压缩，此过程称为压缩过程。当气缸内空气压力增高到略大于输出管路内的压力 p 后，排气阀 1 打开，压缩空气排入输气管道，此过程称为排气过程。

活塞 3 的往复运动是由电动机带动曲轴 5、曲柄 8 转动，通过连杆 7 转化成直线往复运动而产生的。曲轴安装于曲轴箱 4 中，吸排阀 9、1 安装于气缸头 6 内。图 10-2 所示为单缸单活塞的工作情况。大多数空气压缩机是多缸多活塞工作的。

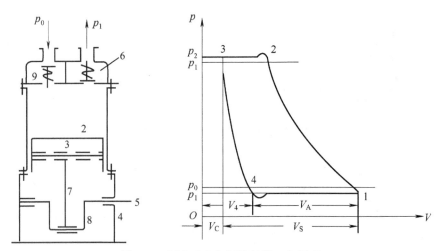

图 10-2　活塞式空气压缩机的工作原理

空气压缩机的选型。选择空气压缩机的主要依据是气动系统所需要的工作压力和流量两个参数。在确定空气压缩机的输出压力时，应考虑管道的压力损失。一般而言，空气压缩机输出压力应大于工作压力 0.15～0.2MPa。空气压缩机的输出流量可根据气动系统工作平均耗气量选取，同时考虑管道泄漏及新增气动设备的可能性等因素，一般输出流量按 1.6～3.3 倍平均耗气量选取。

10.2.2　空气处理元件

1. 后冷却器

后冷却器安装在空气压缩机排气口处的管道上，其作用是冷却空气压缩机出口压缩空气的温度，使之从 140～170℃降到 40～50℃，同时使大部分的水汽凝聚成水滴和油滴以便除去。

后冷却器按工作原理分通常有两种：水冷式和风冷式。以水为冷却介质对压缩空气进行冷却的称为水冷式；以空气为冷却介质对压缩空气进行冷却的称为风冷式。

水冷式后冷却器主要有列管式、散热片式和蛇管式等。图 10-3 所示为蛇管式后冷却器的工作原理及图形符号。高温压缩空气在管内流过，冷却水在管外的水套中流动进行冷却。这种冷却器结构简单，应用比较广泛。

图 10-4 所示为风冷式后冷却器的工作原理及图形符号，由风扇吹动空气循环冷却压缩空气。

由于水的热容量大于空气，因而水冷式后冷却器的冷却效果好于风冷式。但是，由于水冷式必须考虑进水与排水，因而对于小型压气站而言，使用不是很方便。风冷式后冷却器结构简单、安装方便，因而在中小系统中得到了较广泛的应用。

后冷却器的选择依据主要是其额定流量及压力。当入口空气温度超过 100℃或出口空气量很大时，只能选用水冷式后冷却器。

2. 干燥器

干燥器是吸收和排除压缩空气中的水分和部分油分与杂质，使湿空气变成干空气的装置。

干燥器的种类主要有冷冻式、吸附式和高分子隔膜式等。

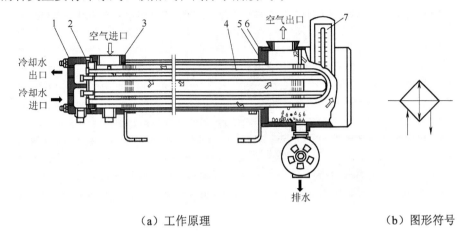

（a）工作原理　　　　　　　　　　　（b）图形符号

图 10-3　蛇管式后冷却器的工作原理及图形符号

1—水室盖；2，5—垫圈；3—外筒；4—带散热片臂束；6—气室盖；7—出口温度计

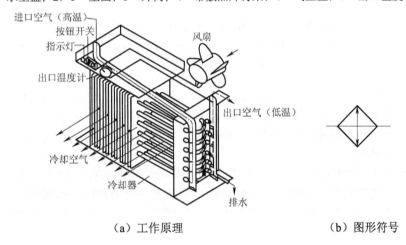

（a）工作原理　　　　　　　　　　　（b）图形符号

图 10-4　风冷式后冷却器的工作原理及图形符号

　　图 10-5 所示为冷冻式干燥器的工作原理及图形符号。潮湿的热压缩空气，经风冷式后冷却器冷却后，进入热交换器的外筒被预冷，再流入内筒被空气冷却器冷却到压力露点（2～10℃）。在此过程中，水蒸气冷凝成水滴，经自动排水器排出。除湿后的冷空气，通过热交换器外筒的内侧，吸收入口侧空气的热量，使空气温度上升。提高输出空气的温度，可避免输出口结霜，并降低相对湿度。把处于不饱和状态的干燥空气从输出口流出，供气动系统使用。

　　冷冻式干燥器具有结构紧凑、体积小、噪声低、使用维护方便等优点，适用于处理空气量大，对干燥度要求不高的压缩空气。

　　当要求压缩空气的干燥程度高、杂质少时，通常采用吸附干燥结合过滤实现。

　　吸附干燥是利用对水有强烈吸附能力的多孔性材料（一般为硅胶、活性氧化铝、分子筛等）吸附空气中的水分，当压缩空气流经吸附材料时，空气中的水分子被吸附材料吸附而得到干燥，该方法干燥后的空气露点温度可达-70℃，由于吸附材料吸附水分后逐渐进入饱和状态，因此，工作一段时间后，吸附材料的吸水能力逐渐降低。由于吸附干燥过程是物理变化过程，因此可以对吸附材料进行再生处理，根据再生处理的方法不同，分为加热再生和非加热再生两种。

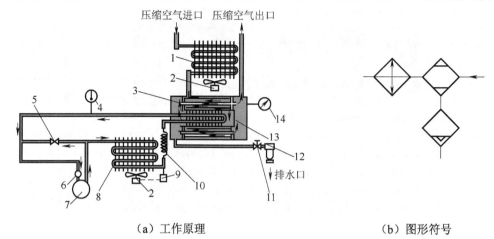

（a）工作原理　　　　　　　　　　　（b）图形符号

图 10-5　冷冻式干燥器的工作原理及图形符号

1—后冷却器；2—风扇；3—空气冷却器；4—蒸发温度计；5—容量控制阀；6—抽吸储气罐；
7—压缩机；8—冷凝器；9—压力开关；10—毛细管；11—截止阀；
12—自动排水器；13—热交换器；14—出口压力计

1）加热再生法

利用变温吸附原理，吸附剂在不同温度下的吸附性能不同，通过加热吸附水分后的吸附剂，在高温下将其中的水分分离出来，达到对吸附剂进行再生的目的。

2）非加热再生法

非加热再生法是利用变压吸附原理，吸附剂在不同压力下的吸附能力不同，低压干燥空气流经含有水分的吸附材料，在低压下将其中的水分带走，吸附材料得到再生。

由于非加热再生过程中脱附热来源于吸附剂和气流的温降，因此脱附量越大，吸附剂和气流的温降也越大。但温度降低后吸附剂的吸附率要增大，解吸困难；气流降温后相对湿度增大，脱附能力减小，因而要耗费更多的解吸用的低湿度气流，再生气量明显增大，从经济角度很不合算。所以一般希望非加热再生能在吸附剂和气流温度变化不大的条件下，即在接近等温的条件下进行。这就要求吸附和脱附水量都较小。所以在采用非加热再生时，实际吸附及脱附再生过程仅在吸附剂表面进行，吸附剂的工作特点是浅度吸附，即在吸附剂远未达到饱和程度时就进行再生。这与采用加热再生时吸附剂为深度吸附，即吸附剂基本饱和后才进行再生的情况有很大的不同。

3. 空气过滤器

空气过滤器的作用就是用来分离压缩空气中凝聚的水分、油分及灰尘等杂质。压缩空气进入气动系统之前，根据系统要求而经过多次过滤。按过滤器的过滤精度及作用可分为主管路过滤器、空气过滤器、油雾分离器、微雾分离器和超微油雾分离器等，过滤器的过滤特性见表 10-2。

表 10-2　过滤器的过滤特性

项　目	主管路过滤器	空气过滤器	油雾分离器	微雾分离器	超微油雾分离器
作用	清除油污、水分和粉尘	支除固态杂质、水滴和油污等	去除 0.3～5μm 气状溶胶油粒子及大于 0.3μm 的锈末、炭粒微粒	去除 0.01μm 以上的气状溶胶油粒子及 0.1μm 以上的炭粒和尘埃	去除气态油粒子
过滤精度	3μm	5（或 2、10、20、40、70、100）μm	0.3μm	0.01μm	0.01μm
应用	安装在主管路中提高下游干燥器的工作效率，延长精密过滤器的工作效率	一般气动设备用	装在电磁先导阀及间隙密封阀的气源上	精密计量测量 高洁净空气及洁净室用前置过滤器	用于涂装线、洁净室及无油程度要求很高的场合

空气过滤器主要是用离心、撞击、水洗等方法使压缩空气中凝聚的水分、油分等杂质从压缩空气中分离出来，使压缩空气得到初步净化。其结构形式有环形回转式、撞击并折回式、离心旋转式、水浴式以及以上形式的组合使用等。

图 10-6 所示为撞击环形回转式空气过滤器的过滤原理及图形符号。气流以一定的速度经输入口进入分离器内，经导流片的切线方向的缺口强烈旋转，液态油水及固态杂质受离心力作用，被甩到水杯的内壁上，再流至底部。除去液态油水和杂质的压缩空气，通过滤芯进一步清除微小固态颗粒，然后从出口流出。

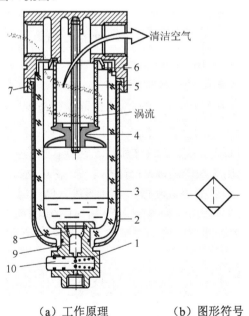

（a）工作原理　　　　（b）图形符号

图 10-6　撞击环形回转式空气过滤器的过滤原理及图形符号

1—复位弹簧；2—保护罩；3—水杯；4—挡水板；5—滤芯；6—二导流片；7—卡圈；

8—锥形弹簧；9—阀芯；10—按钮

滤芯下的挡水板能防止液态油水被卷回气流中。按动手动排水阀按钮，即可排出聚集在水杯内的冷凝水。滤芯有金属网型、烧结金属型和纤维聚结型等。这种过滤器油水分离效果很好。

4. 干燥过滤装置

为保证压缩空气站提供干燥清洁的压缩空气，可以采用干燥过滤装置对空气进行干燥净化；图 10-7 所示为空气干燥过滤装置原理图。

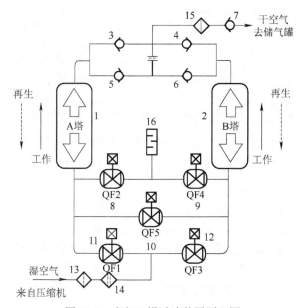

图 10-7　空气干燥过滤装置原理图

1，2—干燥塔；3，4，5，6—单向阀；7—背压阀；8，9，10，11，12—电液球阀；
13—过滤器；14—除油过滤器；15—过滤器；16—消音器

图中 10-7 空气干燥过滤装置并联设置有 A、B 两个干燥塔，依设定时间、通过阀件控制交替进行干燥和再生，部分干燥的压力气流被用作再生气体。空气干燥过滤装置原理如下。

（1）干燥：来自压缩机的压缩空气经过前置过滤器、精密除油过滤器进入干燥塔，气流自下向上流动。压缩空气流出干燥塔之前，已除掉了空气中的水分，达到了干燥要求。干燥后的压缩空气流出干燥塔后，经过后置过滤器、背压阀进入储气罐。

（2）再生：干燥塔干燥完毕后，程序设定另一个干燥塔干燥，本干燥塔再生，换向时相应球阀闭合。再生时，相应球阀打开，流经干燥塔的一部分气体分出。其流量取决于工作压力和已干燥的压缩空气温度。

（3）充压：从再生结束至吸收干燥器换向之间的时间用作干燥塔充压，充压目的使接至另一个干燥塔时无冲击。再生的干燥塔内，压力升至最大工作压力上限，当两个干燥塔上的压力表指标值相等时，充压过程完毕。设定时间完成后，电液球阀换向。

5. 储气罐

储气罐主要用来调节气流，减少输出气流的压力脉冲，使输出气流具有流量连续和气压稳定的性能。必要时，还可以作应急气源使用。储气罐也能分离部分油污和水分。

储气罐一般采用焊接结构，有立式和卧式两种。其中立式储气罐应用较多，它的高度为其直径的 2～3 倍，进气管在下，出气管在上，并尽可能加大进、出气管口之间的距离，以利于进一步分离空气中的油污和水分。储气罐应安装有安全阀，用于限制罐中最高压力；通常罐中压力为正常工作压力的 1.1 倍，并用压力计显示。图 10-8 所示为立式储气罐。

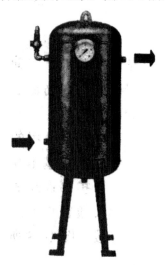

图 10-8　立式储气罐

6. 其他辅助元件

气动系统中，除了空气处理元件外，其他辅助元件也是不可缺少的，如消声器、管道与管接头等。

1）消声器

由于压缩空气在排向大气的过程中急速膨胀，引起气体振荡，将会产生强烈的排气噪声。噪声的强弱随排气速度、排气量和换向阀前后空气通道形状而变化，可达 100dB。排气噪声严重恶化工作环境，危害人体健康，降低工作效率。为降低噪声，通常在排气口处安装消声器。

气动消声器主要有三种：吸收型消声器、膨胀干涉型消声器和膨胀干涉吸收型消声器。常见的是吸收型消声器。这种消声器是依靠吸音材料来消声。当压缩空气通过多孔的吸音材料时，一部分声波被吸收转化成热能，从而降低了噪声。

吸收型消声器结构简单，消除中、高频噪声性能良好，可降低气流噪声达到 25dB 以上。而消除中、低频噪声，主要采用膨胀干涉型消声器。

2）管道与管接头

气动系统中常用的管子有硬管和软管。硬管以钢管、纯铜管为主，常用于高温、高压和固定不动件之间的连接。软管有各种塑料管、尼龙管和橡胶管等，其特点是经济、拆装方便、密封性好，但应避免在高温、高压、有辐射的场合使用。

气动系统中使用的管接头与液压系统管接头基本相似，主要有卡套式、扩口螺纹式、卡箍式等。对于大通径管道。一般应采用法兰连接。图 10-9 所示为各种气动管接头。

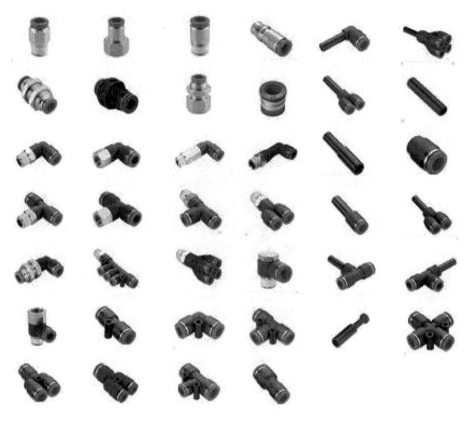

图 10-9　各种气动管接头

习　题

10-1　简述气源装置的主要组成元件及各组成元件的作用。

10-2　简述活塞式空气压缩机的工作原理。

10-3　设计气压传动系统时，如何选择空气压缩机？

10-4　为什么要使用干燥器？我国幅员辽阔，气候条件复杂，这对选择使用气源装置的组成元件有何影响？

10-5　为什么要设置储气罐？如何确定其容积和尺寸？

10-6　气动三联件包括哪几个元件？它们的连接次序是什么？

第 11 章　气动执行元件

在气压传动中，将空气的压力能转换为机械能的装置称为气动执行元件。气动执行元件包括气缸和气动马达。气缸用于实现直线往复运动或摆动。气动马达用于连续回转运动，而气缸的应用则最为广泛。

11.1　气　　缸

11.1.1　气缸的分类

气缸的种类很多，其分类方法也不同。常用的分类方法有以下几种：
（1）按压缩空气对活塞端面作用力不同，可分为单作用气缸和双作用气缸。
（2）按结构特征不同，可分为活塞式、膜片式、柱塞式和摆动式气缸等。
（3）按安装方式不同，可分为脚座式、法兰式、耳环式和耳轴式气缸等。
（4）按功能不同，可分为普通气缸和特殊气缸。普通气缸一般指活塞式气缸，用于无特殊要求的场合。特殊气缸用于有特殊要求的场合，如无杆气缸、锁紧气缸、薄型气缸、气动滑台、摆动气缸和气爪等。

11.1.2　普通气缸

1．结构及工作原理

普通气缸的典型结构如图 11-1 所示，主要由缸筒、前端盖、后端盖、活塞、活塞杆等组成。端盖上设有进、排气口，端盖内设有缓冲机构。前端盖上的密封圈和防尘圈用以防止从活塞杆处向外漏气和防止外部灰尘混入缸内。前端盖上的导向套起导向作用，减小活塞杆伸出时的下弯量，延长气缸使用寿命。其工作原理与液压缸类似，此处不再赘述。

图 11-2 所示为几种不同的普通气缸。

2．气缸的速度特性

由于空气的压缩性影响，活塞在运动过程中，其速度是变化的，速度的最大值称为最大速度。通常气缸的运动速度是指平均速度，即气缸的运动行程除以气缸的动作时间（通常按到达时间计算）。

气缸的运动速度大多在 50～500mm/s。当速度小于 50mm/s 时，由于摩擦阻力影响增大，加上气体的可压缩性，将影响活塞运动的平稳性，出现时走时停的"爬行"现象。当速度高于 500mm/s 时，气缸密封圈的摩擦发热加剧，加速密封件磨损，同时，也加大了行程末端的冲击力，影响使用寿命。

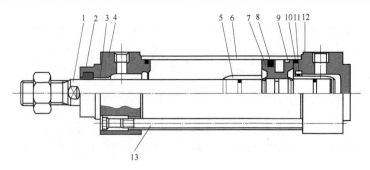

图 11-1 普通气缸的典型结构

1—活塞杆；2—防尘圈；3—导向套；4—前端盖（杆侧端盖）；5—缓冲套；6—缸筒；7—活塞；
8—活塞密封圈；9—耐磨环；10—O 形密封圈；11—缓冲密封圈；12—后端盖（无杆侧端盖）；13—拉杆

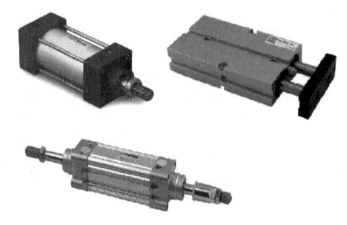

图 11-2 几种不同的普通气缸

3. 气缸的输出力

气缸的理论输出力 F_0 等于压缩空气作用在气缸活塞有效面积上产生的推力或拉力。其大小等于压缩空气在气缸前后活塞上的作用力之差，如图 11-3 所示。

$$F_0 = F_1 - F_2 = A_1 p_1 - A_2 p_2 \tag{11-1}$$

式中：F_1、F_2 分别为作用于右、左活塞上的压缩气体推力，N；A_1、A_2 分别为右、左活塞作用面积，m^2；p_1、p_2 分别为右、左活塞腔气体压力，Pa。

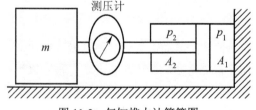

图 11-3 气缸推力计算简图

由于气缸活塞等运动部件的惯性力以及摩擦力的影响，气缸的实际输出力要小于理论输出力。因此，在实际使用中必须考虑气缸负载率 η_0，气缸的负载率 η 是气缸活塞杆受到的轴向

负载力 F 与气缸的理论输出力 F_0 之比，即

$$\eta = \frac{F}{F_0} \times 100\% \tag{11-2}$$

负载率是选择气缸时的重要参数，负载状况不同，气缸的负载率也不同。不同负载下的负载率见表 11-1。

表 11-1　不同负载下的负载率

负载的运动状态	静载荷 （如夹紧低速压铆）	动载荷	
		气缸速度（50～500m/s）	气缸速度>500m/s
负载率	$\eta \leqslant 70\%$	$\eta \leqslant 50\%$	$\eta \leqslant 30\%$

4. 气缸的耗气量

气缸的耗气量分为最大耗气量和平均耗气量。最大耗气量是指气缸以最大速度运动时所需的空气流量。平均耗气量是指气缸在气动系统的一个工作循环周期内所消耗的空气流量。平均耗气量用于选用空气压缩机，计算运转成本。最大耗气量用于选定空气处理元件、控制元件及配管尺寸等。最大耗气量与平均耗气量之差用于选定储气罐的容积。

例 11-1　如图 11-3 所示，用气缸水平推动负载质量 $m = 150\text{kg}$ 的台车。台车与床面间的摩擦因数 $\mu = 0.3$，供给压力 $p = 0.5\text{MPa}$，请选择气缸缸径。

解： 轴向负载力 F 为

$$F = \mu mg = 0.3 \times 150 \times 9.8 = 441 \text{（N）}$$

根据表 11-1，为减小气缸尺寸，预选负载率 $\eta = 25\%$。由式（11-2）得气缸的理论输出力 F_0 为

$$F_0 = F / \eta = 1800 \text{（N）}$$

把 $p_1 = 0.5\text{MPa}$、$p_2 = 0\text{MPa}$ 代入式（9-2），可计算缸径 D 为

$$D = 67.7 \text{（mm）}$$

查气缸缸径标准系列可知，大于缸径 67.7mm 的标准缸径为 80mm，故应选气缸缸径 $D = 80\text{mm}$。

11.1.3　几种特殊气缸

1. 无杆气缸

普通气缸在沿行程方向的实际占有安装空间约为其行程的 2.2 倍，这使得某些场合下气缸的安装较为困难，也不利于设备的小型化。无杆气缸正是在这种背景下开发出来的。无杆气缸的基本特征是没有活塞杆，因此，它的安装空间仅为行程的 1.2 倍左右。由于体积小、结构紧凑，无杆气缸已经广泛应用于数控机床、注射机、多功能坐标移动机械手和生产流水线上工件的传送等工业自动化设备中。

无杆气缸可分为机械式无杆气缸和磁耦合式无杆气缸两种，如图 11-4 所示。机械式无杆气缸有较大的承载能力和抗力矩能力；磁耦合式无杆气缸质量轻、结构简单、占空间小。

　　无杆气缸是将活塞与缸外滑块连成一体，缸体为开口式结构，为了防止泄漏及防尘需要，在开口部采用聚氨脂密封带和防尘不锈钢带固定在两端缸盖上，活塞架穿过槽，把活塞与滑块连成一体。活塞带动固定在滑块上的执行机构实现往复运动。

　　磁耦合无杆气缸的工作原理：在活塞上安装一组高强磁性的永久磁环，磁力线通过薄壁缸筒与外面滑块里面的另一组磁环作用，由于两组磁环磁性相反，因此具有很强的相互吸力。当活塞在缸筒内被气压推动时，活塞运动，活塞运动的同时，外部滑块内的磁环被活塞上的磁环磁力线影响，做同步移动。

（a）机械式无杆气缸　　　　　　　　　　（b）磁耦合式无杆气缸

图 11-4　两种不同形式的无杆气缸

2. 锁紧气缸

　　由于空气压缩性大，因此气缸的中途停止，位置精度很差。锁紧气缸又称为制动气缸，可用于高精度的位置控制，也可用于异常情况的紧急停止，起安全保护作用。

　　锁紧气缸由气缸与锁紧装置两部分组合而成。气缸部分与普通气缸的工作原理完全相同。锁紧装置有多种结构。图 11-5 所示为杠杆+楔形锁紧方式的锁紧气缸结构原理。

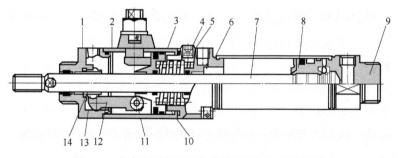

图 11-5　杠杆+楔形锁紧方式的锁紧气缸结构原理

1—端盖；2—中盖；3—制动活塞；4—内六角螺塞；5—青铜过滤片；
6—杆侧端盖；7—活塞杆；8—活塞；9—无杆侧端盖；10—制动弹簧；
11—压轮；12—制动臂；13—制动瓦座；14—制动瓦

　　杠杆+楔形锁紧结构原理如图 11-6 所示。当 A 口加压，B 口排气时，制动瓦处于自由状态，活塞杆可自由运动；当 B 口加压，A 口排气时，制动臂等形成杠杆扩力机构，制动瓦在气压力及弹簧力的作用下，从外部抱紧活塞杆，起制动作用。

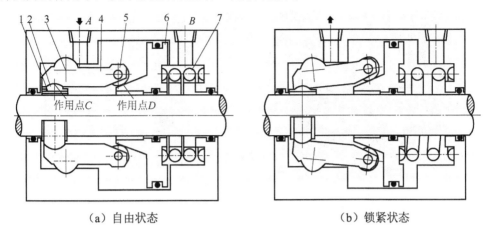

（a）自由状态　　　　　　　　　　　　（b）锁紧状态

图 11-6　杠杆+楔形锁紧结构原理

1—制动瓦；2—制动瓦座；3—转轴；4—制动臂；5—压轮；6—锥形制动活塞；7—制动弹簧

3. 滑动装置气缸

滑动装置气缸由两个双活塞杆气缸并联而成。由于是用缸体把两个活塞杆连在一起，故可防止活塞杆的回转。由于缸体与工件的安装面和活塞杆平行度高，因此，直线运动位置精度高。滑动装置气缸主要用于位置精度较高的组装机器人和工件搬运设备上。图 11-7 所示为滑动装置气缸。

图 11-7　滑动装置气缸

4. 气爪

气动手爪主要用于抓取物件，实现机械手的动作。图 11-8 所示为气动手爪及结构原理。它主要由气缸及传动杠杆构成。气缸 1 的活塞杆推动接头 2 伸缩，通过杠杆 3、手指 4 可绕轴

5 摆动进行开闭。

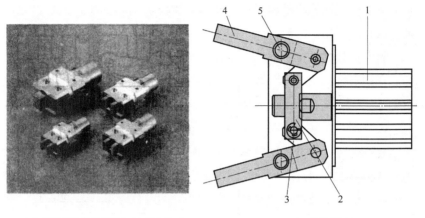

（a）不同规格的平行开闭型手爪　　　　（b）结构原理

图 11-8　气动手爪及结构原理

1—气缸；2—接头；3—杠杆；4—手指；5—轴

5. 摆动气缸

输出轴在一定角度内往复摆动的气动执行元件称为摆动气缸。它主要用于物件的转位、翻转，工件的夹紧，阀门的开闭以及机器人的手臂动作等。摆动气缸可分为齿轮齿条式和叶片式两种，如图 11-9 所示。

（a）叶片式摆动气缸　　　　　　　（b）齿轮齿条式摆动气缸

图 11-9　两种不同结构形式的摆动气缸

6. 气缸的选用

气缸的选用应遵循以下原则：

（1）根据工作任务对机构的要求选择气缸的种类。

（2）根据气缸的承载形式选定气缸的负载率。

（3）按照机构对工作力的要求及负载率选定气缸的缸径。

（4）根据机构对运动范围的要求选定气缸的行程。

（5）根据机构的结构形式选定气缸的安装方式、活塞杆结构、缓冲方法等。

（6）根据气缸的工作环境选择气缸的合理工作温度以及是否采用防尘装置等。

11.2　气　动　马　达

气动马达是做回转运动的气动执行元件，它把压缩空气的压力能转换为回转运动的机械能，并输出转矩和转速。将压缩气体的压力能转换为机械能并产生旋转运动的气动执行元件。常用的气压马达是容积式气动马达，它利用工作腔的容积变化来做功。

气动马达的优点是可长时间满载工作，温升较小；无级调速范围大，可由每分钟几转到每分钟上万转；工作安全可靠，适用于易燃、易爆场所，且不受高温、粉尘及振动的影响；结构简单，容易实现正反转，维修性好，成本低。其缺点是噪声大，耗气量大，效率低，速度难于控制稳定。

气动马达主要有滑片式、柱塞式和薄膜式多种形式。图 11-10 所示为滑片式和径向柱塞式两种不同形式的气动马达，其工作原理与液压马达相类似，如图 11-11 和图 11-12 所示。

（a）径向柱塞式气动马达　　　　　　　（b）滑片式气动马达

图 11-10　两种不同结构形式的气动马达

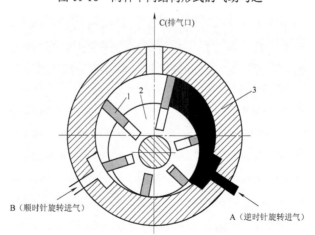

图 11-11　双向旋转叶片马达

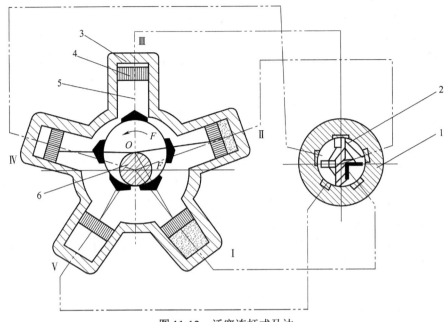

图 11-12　活塞连杆式马达

1—配流轴套；2—配流阀；3—油缸；4—活塞；5—连杆；6—偏心轴

习　题

11-1　气缸有哪些类型？与液压缸相比有哪些特点？

11-2　简述单出杆、双出杆、无杆气缸之间的区别与特点。

11-3　摆动气缸有什么特点？举例说明其用途。

11-4　气动马达有哪些特点？

11-5　已知单杆双作用气缸的内径为 100mm，活塞杆径 30mm，工作压力 0.5MPa。求气缸往复运动时的输出力各为多少？

11-6　某单出杆双作用气缸缸径为 50mm，活塞杆径 20mm，行程 200mm。已知气缸工作压力 0.4MPa，动作频度为每分钟 8 次，气缸的最大运动速度为 500mm/s。请计算该气缸活塞杆的推力与拉力各为多少?并计算气缸的最大耗气量及平均耗气量。

第 12 章　气动控制元件

气动控制元件是气动系统中控制压缩空气的压力、流量和流动方向的各类元件的总称，是保证气动执行元件正常工作的各类控制阀。气动控制元件主要有压力控制阀、流量控制阀和方向控制阀。

12.1　压力控制阀

压力控制阀主要用来控制系统中气体的压力。按阀的功用不同可分为三类：一是起降压稳压作用的减压阀、定值器；二是起安全保护作用的安全阀；三是根据气路压力控制顺序动作的顺序阀。

1. 减压阀

由于气源空气压力往往比每台设备实际需要的压力高，同时压力波动值也比较大，因此需要减压阀将其压力减到每台设备所需要的压力。减压阀的作用是将输出压力调节在比输入压力低的调定值上，并保持稳定不变。其他减压装置（如节流阀）虽能降压，但无稳压功能。减压阀按压力调节方式分，有直动式减压阀和先导式减压阀。按调节精度分，有普通型减压阀和精密型减压阀。

直动式减压阀是通过手轮调节调压弹簧的压缩量来调整减压阀的出口压力，其工作原理和图形符号如图 12-1 所示。顺时针旋转手轮，调压弹簧被压缩，推动膜片组件下移，通过阀杆，打开阀芯，则入口气压经阀芯节流降压，有压力输出。出口压力气体经反馈管进入膜片下腔，在膜片上产生一个向上的推力。当此推力与调压弹簧力平衡时，出口压力便稳定在一定值。

若入口压力波动，如压力瞬时升高，则出口压力也随之升高。作用在膜片上的推力增大，膜片上移，向上压缩弹簧，从膜片组件中间的溢流孔有瞬时溢流，并靠复位弹簧及气压力的作用，使阀杆上移，阀门开度减小，节流作用增大，使出口压力回降，直至出口压力基本恢复至原设定值。

若入口压力不变，输出流量变化，使出口压力发生波动时，依靠溢流孔的溢流作用和膜片上力的平衡作用推动阀杆，仍能起稳压作用。当输出流量为零时，出口气压力通过反馈管进入膜片下腔，推动膜片上移，复位弹簧力及气压力推动阀杆上移，阀芯关闭，保持出口气压力一定。当输出流量很大时，高速流使反馈管处静压下降，即膜片下腔的压力下降，阀门开度加大，最后仍能保持出口压力一定。

逆时针旋转手轮，调压弹簧力不断减小，阀芯逐渐关闭，膜片下腔中的压缩空气经溢流孔不断从排气孔排出，直至最后出口压力降为零。由于这种减压阀常常从溢流孔排出少量气体，因此也称为溢流式减压阀。

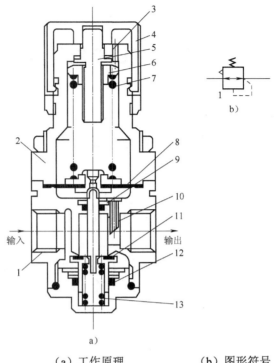

（a）工作原理　　　　（b）图形符号

图 12-1　直动式减压阀的工作原理和图形符号

1—下阀体；2—上阀体；3—排气孔；4—手轮；5—调节杆；6—螺母；7—调压弹簧；
8—膜片组件；9—阀杆密封圈；10—反馈管；11—阀芯；12—阀芯密封圈；13—复位弹簧

　　当减压阀输出压力较高或者配管口径很大时,则相应的膜片等尺寸增大,若仍用弹簧调压,弹簧刚度必定较大,这时,输出流量变化将引起输出压力较大的波动。因此,对配管口径在 20mm 以上,调整压力在 0.7MPa 以上的减压阀,一般宜采用先导式减压阀。先导式减压阀是用调压气体代替调压弹簧调整输出压力。而调压气体一般由小型直动式减压阀供给。

　　选择减压阀主要是根据调压精度和调压范围来确定的。安装减压阀时,应按气流方向和减压阀上所示箭头的方向,依照过滤器—减压阀—油雾器的次序进行安装；为方便应用,常常把这三个气动元件集成一体,通常称为气动三联件,如图 12-1 所示。

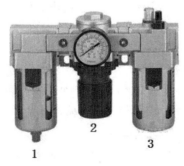

图 12-2　气动三联件

1—过滤器；2—减压阀；3—油雾器

调压时应由低向高调，直至规定的调压值为止。当阀不使用时，应把手柄松开回零，避免膜片长期受压变形，影响调压精度。

2. 顺序阀

顺序阀是根据回路中气体压力的大小来控制各种执行机构按顺序动作的压力控制阀。顺序阀常与单向阀组装成一体，称为单向顺序阀，其工作原理及图形符号如图 12-3 所示。当压缩空气由 A 口输入时，单向阀在压力差和弹簧力的作用下处于关闭状态，作用在活塞上输入侧的空气超过弹簧的预紧力时，活塞被顶起，顺序阀被打开，压缩空气由 B 口输出；当压缩空气反方向流动时，A 口变为排气口，B 口变为进气口，进气压力将顶开单向阀，由 A 口排气。调节手柄，即可调节单向顺序阀的开启压力。

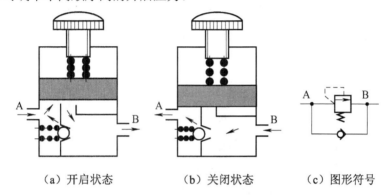

（a）开启状态　　　　（b）关闭状态　　　（c）图形符号

图 12-3　单向顺序阀工作原理及图形符号

3. 安全阀（溢流阀）

安全阀主要用于储气罐或气动回路中，起过压保护作用。安全阀有直动式和先导式两种，图 12-4 所示为直动式安全阀的工作原理和图形符号。当系统工作压力低于调定值时，阀处于关闭状态。当系统工作压力大于安全阀的开启压力时，压缩空气推动活塞上移，阀口开启向大气排气，直到系统压力降低至调定值时，阀口又重新关闭。安全阀的开启压力可通过调整弹簧的预压缩量来调节。

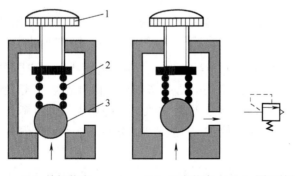

（a）关闭状态　　　　（b）开启状态　　　（c）图形符号

图 12-4　直动式安全阀的工作原理和图形符号

1—调节手柄；2—调压弹簧；3—阀芯

12.2　流量控制阀

控制压缩空气流量的阀称为流量控制阀。通过流量控制阀的调节，可以控制气缸的运动速度、信号的延迟时间、气缓冲的缓冲能力等。流量控制阀主要有单向节流阀和比例节流阀等。

1. 单向节流阀

单向节流阀是单向阀和节流阀并联而成的流量控制阀，如图 12-5 所示。单向节流阀常用于控制气缸的运动速度，故常称为速度控制阀。单向阀是靠单向型密封圈来实现单向流动的。当气流从 A 口流向 B 口时，单向型密封圈起密封作用，节流阀进行节流；反向流动时，单向型密封圈不起密封作用，气流经单向型密封圈流向 A 口，节流阀不节流。

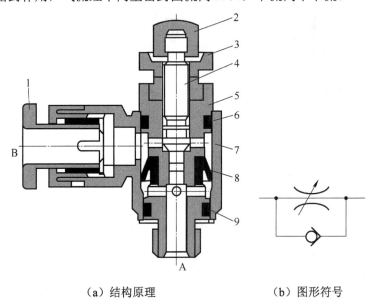

（a）结构原理　　　　　　　　（b）图形符号

图 12-5　单向节流阀结构原理及图形符号

1—快换接头；2—手轮；3—锁母；4—节流阀杆；5—阀体Ⅰ；
6，9—O 型密封圈；7—阀体Ⅱ；8—单向型密封圈

节流大小通过手轮调节：开启圈数少时，节流口开度小；开启圈数多时，节流口开度大。

双作用气缸的速度控制回路常采用图 12-6 所示的两种连接方式。图 12-6（a）所示为排气节流。当换向阀切换到右位时，气缸 B 腔进气，A 腔通大气，但排气受到节流，控制气缸内缩运动速度。当换向阀切换到左位时，A 腔进气，B 腔通大气，排气时同样受到节流作用，控制气缸外伸运动速度。

图 12-6（b）所示为进气节流。当换向阀切换到左位时，A 腔进气，因进气被单向节流阀节流，A 腔压力上升较慢，而 B 腔气流通过单向阀快速排气，迅速降为大气压力，结果使活塞运动呈现不稳定状态。当 A 腔压力升高推动活塞时，B 腔的压力早已降为大气压力，这时

活塞是在克服摩擦阻力之后的惯性力作用下运动。随活塞运动，A 腔容积增大，压力下降，可能出现活塞停止运动。待压力升高后，活塞又开始运动，即所谓的"爬行"现象。因而，在速度控制回路中，通常不采用进气节流方式。

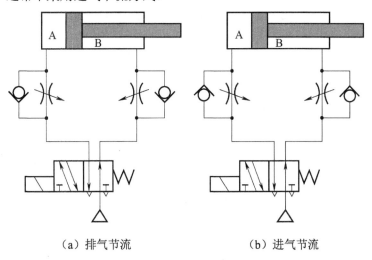

（a）排气节流　　　　　　　　　　（b）进气节流

图 12-6　双作用气缸的速度控制回路

2．比例流量阀

比例流量阀就是阀的输出流量与输入阀的电信号成比例变化的流量控制阀。它的工作原理是比例电磁铁在输入电信号的激励下，产生一个吸引力驱动阀芯移动，直至与作用在阀芯上的弹簧力相平衡。利用阀芯位移与驱动信号成线性关系，实现了输出流量与输入信号成线性比例关系，如图 12-7 所示。比例流量阀常用于气缸的定速控制及定量供气系统中。

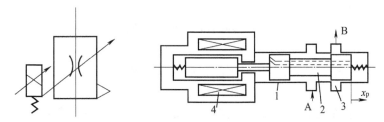

图 12-7　比例流量阀及符号

1—阀体；2—阀芯；3—节流口；4—比例电磁铁

12.3　方向控制阀

方向控制阀是用来控制气体流动方向或通断的控制元件。

1．方向控制阀的分类

方向控制阀的种类很多，通常按以下方法进行分类：

（1）按阀内气流的流通方向分类。只允许气流沿一个方向流动的控制阀称为单向控制阀，如单向阀、梭阀和快速排气阀等。可以改变气流流动方向的控制阀叫换向型控制阀，如二位三通阀、三位五通阀等。

（2）按控制方式分类。按控制方式不同，方向控制阀可分为电磁控制、气压控制、人力控制、机械控制。

（3）按切换位置和通口数目：分类。按切换位置和通口数目分类，可分成二位五通阀、三位五通阀等，见表 12-1。

表 12-1　二位阀和三位阀的图形符号

	二位	三位			
		中位封闭式	中位泄压式	中位加压式	中位止回式
二通	⊞				
三通	⊞	⊞			
四通	⊞	⊞	⊞	⊞	
五通	⊞	⊞	⊞	⊞	⊞

2．换向型控制阀

（1）气压控制换向阀。气压控制是利用气体压力使主阀芯运动，从而改变气流方向的控制形式。按作用原理可分为加压控制、泄压控制和差压控制等。

加压控制是指加在阀芯上的控制信号的压力值是渐升的。当压力升至某压力值时，阀芯移动换向，这是常用的气压控制方式。

泄压控制是指加在阀芯上的控制信号的压力值是渐降的。当压力降至某压力值时，阀芯移动换向。

差压控制是利用阀芯两端受气压作用的有效面积不等，在阀芯上产生推力差，使阀芯动作而换向。

图 12-8 所示为单气控截止式二位三通换向阀的工作原理和图形符号。图 12-8 所示为双气控滑阀式二位五通换向阀的工作原理和图形符号。

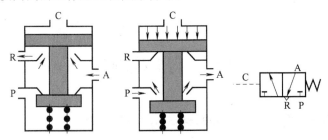

（a）无气压控制信号　（b）有气压控制信号　（c）图形符号
图 12-8　单气控截止式二位三通换向阀的工作原理和图形符号

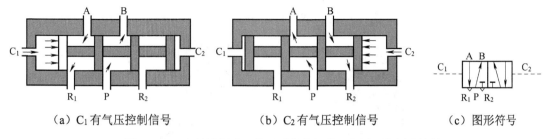

（a）C₁有气压控制信号　　　（b）C₂有气压控制信号　　　（c）图形符号

图 12-9　双气控滑阀式二位五通换向阀的工作原理和图形符号

（2）电磁控制换向阀。电磁控制换向阀是依靠电磁铁产生的电磁吸力来实现阀的切换，以控制气流的流动方向。电磁控制适合于长距离遥控，因而在生产自动化领域中得到普遍应用。

电磁控制换向阀可分为直动式和先导式两大类。

直动式电磁换向阀是电磁铁的动铁芯在电磁力的作用下直接推动阀芯进行换向的。图 12-10 所示为二位三通单电控直动式电磁阀的工作原理和图形符号。不通电时，复位弹簧将阀芯上推，封住 P 口，A 口与 R 口相通；通电时，动铁芯推动阀芯下移，这时 P 口与 A 口相通，R 口封闭。

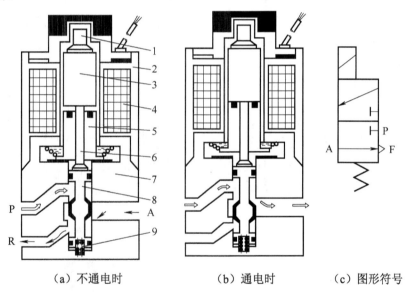

（a）不通电时　　　　　　（b）通电时　　　　　（c）图形符号

图 12-10　二位三通单电控直动式电磁阀的工作原理和图形符号

1—手动按钮；2—阀盖；3—动铁芯；4—线圈；5—磁极片；
6—推杆；7—阀体；8—阀芯；9—复位弹簧

如果把图 12-10 所示的复位弹簧改成电磁铁操纵，就成为双电磁铁直动式换向阀。双电磁铁换向阀的两个电磁铁只能交替得电工作，不能同时得电，否则会产生误动作。图 12-11 所示为两种不同形式的直动式电磁换向阀。

直动式电磁换向阀是由电磁铁直接推动阀芯进行换向的。但是，当阀的通径较大时，电磁铁的推力、耗电和体积都较大，为此可采用先导式电磁换向阀。

先导式电磁换向阀由电磁先导阀和主阀组成，它是利用先导阀输出的先导气信号去控制主阀阀芯换向的。按控制方式，有单电控和双电控之分。

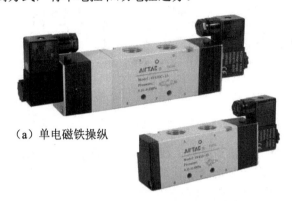

（a）单电磁铁操纵

（b）双电磁铁操纵

图 12-11　两种不同形式的直动式电磁换向阀

图 12-12 所示为二位三通单电控先导式电磁阀的工作原理及图形符号。当电磁先导阀断电时，先导阀的 C、A_1 口断开，A_1、R 口接通，即主阀的控制腔 A，处于排气状态。此时，主阀阀芯 2 在主阀复位弹簧 1 和 P 口气压的作用下向右移动，将 P、A 口断开，A、R 口接通，即主阀处于排气状态。当电磁先导阀通电时，C、A 口接通，即主阀控制腔 A_1 进气。当 A_1 腔气体作用于阀芯上的力大于 P 口气体作用在阀芯上的力与弹簧力之和时，将活塞推向左边，使 P、A 口接通，即主阀处于进气状态。

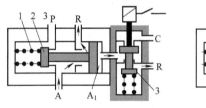

（a）先导式电磁阀断电　　　　（b）先导式电磁阀通电

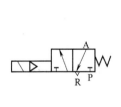

（c）图形符号　　　　　　　（d）单电控先导式电磁阀

图 12-12　二位三通单电控先导式电磁阀的工作原理及图形符号

1—主阀复位弹簧；2—主阀阀芯；3—先导阀阀芯

如果把图 12-12 所示主阀的复位弹簧改为电磁先导阀操纵，即成为双电控先导式电磁换向阀。

　　（3）机械控制换向阀。机械控制换向阀是靠外部机械力使阀芯移动进行换向的阀，也称行程阀。其主阀与电磁阀的主阀相似，操纵方式可分为直动式、滚轮式、横向滚轮式、杠杆滚轮式、可调杆式、可调杠杆滚轮式和可通过式等，如图 12-13 所示。

　　　（a）直动式　　　（b）滚轮式　　　（c）横向滚轮式　　　（d）杠杆滚轮式

　　　（e）可调杆式　　　（f）可调杠杆滚轮式　　　（g）可通过式　　　（h）基本型

图 12-13　各种机械控制换向阀

　　（4）人力控制换向阀。靠手或脚操纵使换向阀换向的阀称为人力控制换向阀。与机械控制换向阀的区别仅操纵机构有所不同。人力控制换向阀操纵方式主要有按钮式、旋钮式、锁式、推拉式、肘杆式、脚踏式和长手柄式等，如图 12-14 所示。

　　3. 单向型控制阀

　　（1）单向阀。单向阀是使气流只能朝一个方向流动，而不能反向流动的阀，其工作原理与普通液压单向阀相似。它常与节流阀组合成单向节流阀来控制气缸的运动速度。

　　（2）梭阀。如图 12-14 所示，梭阀有两个进口，一个出口。当进口中的一个有输入时，出口便有输出。若两个进口压力不等，则高压进口与出口相通。若两个进口压力相等，则先输入压力的进口与输出口相通。梭阀主要用于选择信号，也用于高、低压转换回路。

（a）蘑菇形按钮式　　（b）伸出形按钮式　　（c）平形按钮式

（d）旋钮式　　　　　（e）锁式　　　　　　（f）推拉式

（g）肘杆式　　　　　（h）脚踏式　　　　　（i）长手柄

图 12-14　各种人力控制换向阀

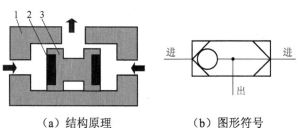

（a）结构原理　　　　　　　（b）图形符号

图 12-15　梭阀工作原理及图形符号

1—阀体；2—密封件；3—阀芯

（3）快速排气阀。快速排气阀就是当进口压力降到一定值时（如大气压），出口有压气体自动从排气口迅速排气的阀。图 12-16 所示为两种快速排气阀的工作原理。当进口有气压时，阀芯（单向型密封圈或膜片）被推开，封住排气口，并从出口输出。当进口排空时，出口压力将阀芯顶起，封住进口，出口气体经排气口迅速排空。

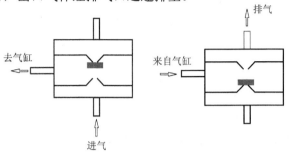

（a）单向型密封圈结构　　　　　　（b）图形符号

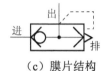

（c）膜片结构

图 12-16　两种快速排气阀的工作原理

1—阀体；2—阀芯；3—O 形密封圈；4—阀座；5—膜片；6—阀盖

　　快速排气阀主要用于气动元件和装置迅速排气的场合。例如，把它装在气缸和阀之间，气缸不再通过换向阀排气，而是直接从快速排气阀排气，这样可大大提高气缸的运动速度，如图 12-17 所示。

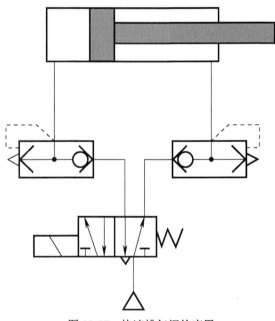

图 12-17　快速排气阀的应用

习　题

12-1　试述先导式电磁阀的基本工作原理。

12-2　简述梭阀的工作原理。

12-3　快速排气阀有什么作用?

12-4　说明气动换向阀与液压换向阀有什么区别。

12-5　请简述先导电磁阀与直动电磁阀的主要特点。

第 13 章　气动基本回路

与液压传动系统一样，气压传动系统也是由各种功能的基本回路所组成的。因此，熟悉掌握常用的基本回路是分析气动传动系统的基础。

气动基本回路按其功能可分为压力控制回路、速度控制回路、位置控制回路、同步动作回路和往复运动回路等。

13.1　压力控制回路

为调节和控制系统的压力，经常采用压力控制回路。

图 13-1 所示为气源压力控制回路。其工作原理是：启动电动机，空气压缩机 1 运转，压缩空气经单向阀 2 向气罐 3 充气，罐内压力上升。当压力升至电触点压力计 4 的最高设定值时，电触点压力计 4 发出电信号使电动机停机，空气压缩机 1 不再运转，罐内压力不再上升；当气罐 3 内的压力降至电触点压力计 4 的最低设定值时，电触点压力计 4 发出电信号使电动机启动，空气压缩机 1 运转向气罐 3 充气。如此反复。

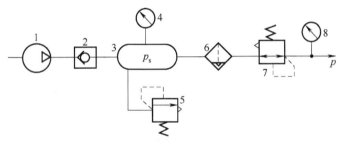

图 13-1　气源压力控制回路

在气动系统中，为了得到稳定的工作压力，通常把气源提供的压缩空气经减压阀调节输出，以保证气阀、气缸等气动元件得到所需要的稳定的工作压力。

图 13-2 所示为提供两种稳定的工作压力控制回路。p_1 由减压阀 1 调定，p_2 由减压阀 2 调定。

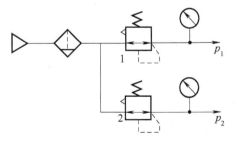

图 13-2　提供两种稳定的工作压力控制回路

1，2—减压阀

　　压力控制回路应用很广，凡是需要具有一定压力压缩空气的场合，都可以利用减压阀的调压功能来实现。如果把减压阀换成电控的压力比例阀，可实现连续的压力控制和闭环压力控制，使压力控制精度得到很大的提高。

13.2　速度控制回路

　　由于气压传动的功率不大，因而通常采用节流调速。但是，气体的可压缩性远比液体大，因此气压传动中气缸的节流调速在速度平稳性上的控制比较困难，速度负载特性差。特别是在负载变化大而速度控制要求又高的场合，单纯的气压传动难以满足要求，此时可采用气液联动的方法。

　　有关进口和出口节流调速的特点，气压传动与液压传动基本相同，故此处不再赘述。

　　图 13-3 所示为单作用气缸的速度控制回路。回路中利用两个单向节流阀对活塞杆的伸出和退回进行速度控制。调节节流阀的开度，可改变活塞运动速度。

　　图 13-4 所示为采用单向节流阀实现排气节流的速度控制回路。调节节流阀的开度实现气缸背压的控制，完成气缸往复运动速度的调节。

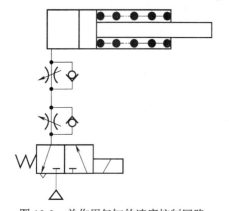
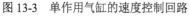

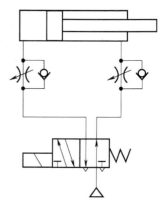

图 13-3　单作用气缸的速度控制回路　　　　图 13-4　采用单向节流阀实现排气节流的速度控制回路

　　图 13-5 所示为单向节流阀和行程阀配合的缓冲回路。当活塞向右运动时，气缸右腔气体经二位二通机控阀和三位五通阀排出，在活塞运动到末端碰上机控阀时，迫使机控阀换向，右腔气体经节流阀排出，使活塞运动速度降低，达到缓冲的目的。这种回路常用于负载惯性力较大的场合。

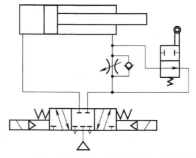

图 13-5　单向节流阀和行程阀配合的缓冲回路

13.3　位置控制回路

由于气体压缩性大，因而气动执行机构定位精度低。对于定位精度要求不严格的场合，可采用单纯的气动定位；而对于定位精度要求较高的场合，则要采取机械辅助定位或气液联动等方式。

图 13-6（a）和图 13-6（b）所示分别为使用中位封闭式、中压式主控阀的位置控制回路。当主控阀处于中位时，中位封闭式将使气缸两腔压缩空气被封闭，中位中压式将使气缸两腔连通气源。这样，可使活塞停留在行程中的任何位置。这种回路要求系统和主控阀内部无泄漏现象，并且气缸负载较小。

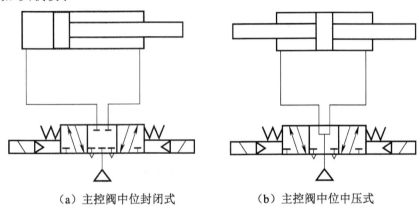

　　　　（a）主控阀中位封闭式　　　　　　　　（b）主控阀中位中压式

图 13-6　采用三位阀的位置控制回路

图 13-7 所示为采用锁紧气缸的位置控制回路。控制气缸的主阀采用了三位五通封闭式电磁阀 1。锁紧装置采用的是弹簧锁，当电磁阀 2 通电时，制动解除，气缸便可在电磁阀 1 的控制下进行往复伸缩运动。当活塞杆运动至定位的位置时，电磁阀 2 断电，活塞杆便被制动锁锁住。

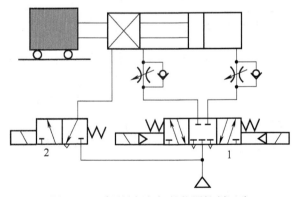

图 13-7　采用锁紧气缸的位置控制回路

1，2—电磁阀

13.4 同步动作回路

图 13-8 所示为同步动作控制回路。采用刚性零件连接两个气缸的活塞杆，迫使 1、2 两缸同步。

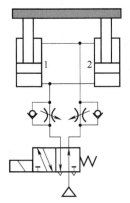

图 13-8 同步动作控制回路

1，2—气缸

13.5 往复运动回路

如图 13-9 所示，控制气缸的主阀是单电控或双电控二位五通阀，a、b 是装在气缸上的磁性接近开关。通过控制主阀电磁铁 1YA、2YA 的通断，即可控制气缸的启、停和连续往复运动。

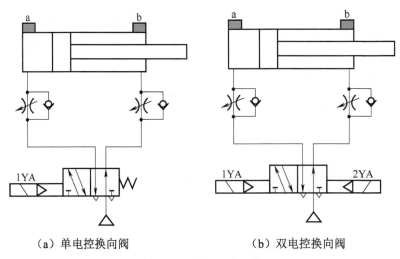

（a）单电控换向阀　　　　　　　（b）双电控换向阀

图 13-9 往复运动回路

习　题

13-1 按功能分，气动有哪些基本回路?试列举四个基本回路。

13-2 在气动速度控制系统中，为什么常采用排气节流调速?

13-3 设计一种常用的快进—慢进—快退的气动控制回路。

13-4 设计一个气缸可以准确定位的气动回路。

第14章　气动系统在自动化装置中的应用

气动系统在自动化装置中得到了广泛的应用，主要用于搬运、装配、定位、剔除、纠偏、转向、举升、气动检测等场合。

14.1　气动技术在平带纠偏中的应用

随着自动化技术的广泛应用，要求物料传送更迅速、位置更精确、效率更高。扁平输送带（平带）是传统的、有效的、连续运动的无端物料传送方式。输送带既是承载货物的构件，又是传递牵引的构件。依靠输送带自身与滚筒之间的摩擦力平稳地进行驱动，几乎可用于各种物料的输送。平带输送的一个重要技术问题就是平带跑偏。有各种各样纠正平带跑偏的方法。按照纠偏原理不同，可以分为主动式纠偏与被动式纠偏两种。通常都采用被动式纠偏，纠偏效果难以保证，因而影响了平带输送在高速、高精度物料输送装置中的应用。由于主动式纠偏具有纠偏效果好，可靠性高，故得到了迅速发展。主动纠偏的执行装置可以有电气方式、液压方式和气动方式等。由于气动系统具有成本低、结构简单、控制方便等优点，因而得到了广泛应用。这里介绍气动技术在平带输送纠偏中的应用。

1. 平带跑偏的原因

典型的平带输送装置结构原理图如图14-1所示。输送带绕过驱动滚筒和张紧辊，并依工作需要选择滚筒，由电动机驱动滚筒转动带动输送带。

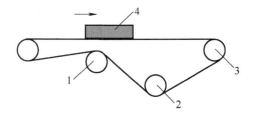

图14-1　典型的平带输送装置结构原理图

1—驱动滚筒；2—张紧辊；3—滚筒；4—物料

输送带在运行过程中偏向一侧（俗称跑偏），是带式输送装置的常见故障。引起输送带跑偏的原因很多，主要有以下几个方面：

（1）滚筒安装不正，即滚筒的轴线与带式输送机的中心线不垂直。

（2）机架两侧高低不平。

（3）输送带的裁制和连接不正，使制成后的输送带边与输送机的中心线不平行。

（4）滚筒表面粘有物料，或输送带内侧粘有异物，使滚筒的实际直径发生了不规则的变化。

（5）部分滚筒转动不灵活，造成输送带两侧阻力不相等。

（6）输送带上的物料装载不当，物料过于集中于输送带的一侧，或在实际工作中因采用犁形卸料器等设计方式而可能产生侧向力。

输送带在运行过程中一旦出现跑偏现象，如不及时对其实施纠偏，输送带的边缘将可能与机架摩擦，使其被磨损或撕裂，造成输送带上的物料洒落，需要对输送带及时地进行纠偏控制。

2. 气动纠偏原理

平带气动纠偏原理图如图 14-2 所示。输送带的滚筒由气缸 1 和气缸 2 支撑，气缸与滚筒间采用万向轴眼连接，以防止气缸纠偏时的机械干涉，保证机构顺利动作。在输送带相应的位置上设置四个光电开关 K_1、K_2、K_3、K_4，如图 14-2（a）所示。光电开关的作用是检测输送带的位置。当输送带处于正常位置时，所有的光电开关没有输出，气缸 1、2 都处于缩回状态。当输送带向右出现跑偏时，光电开关 K_3 输出信号，控制气缸 1 伸出，如图 14-2（b）所示，滚筒向左倾斜了一定角度，这样平带就受到了一个向左的张紧力分力，平带在这个分力的作用下向左运动，纠正平带回到正常位置；同理，当输送带向左出现跑偏时，光电开关 K_4 输出信号，气缸 2 伸出，如图 14-2（c）所示，平带受到了一个向右的张紧力分力，平带在这个分力的作用下向右运动，纠正平带回到正常位置。

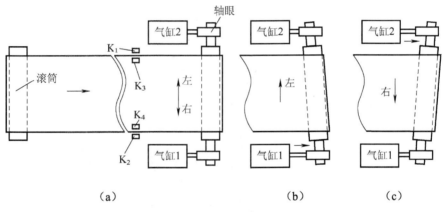

图 14-2　平带气动纠偏原理图

光电开关 K_1、K_2 的作用是限位作用，当纠偏系统不能将平带纠正到正常位置，平带持续向一侧跑偏时，K_1、K_2 发出信号，传送带停止运转并报警。

光电开关安装的位置由平带跑偏的允许值决定。气缸的行程由滚筒纠偏时的滚筒倾斜角度决定，它与传送带的宽度有关。

3. 气动系统原理图

纠偏系统气动原理如图 14-3 所示。气缸 1、2 分别由两个二位五通电磁阀控制。气缸的速度由单向节流阀进行调节，采用出口节流方式。对气缸速度调节可有效避免气缸在快速伸出或缩回时引起平带张紧力的突然变化而引起的平带传动发涩或打滑。

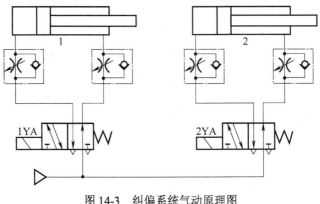

图 14-3　纠偏系统气动原理图

1，2—气缸

4. 纠偏系统的控制

输送带通常为整个设备的一部分，一般采用可编程序控制器进行控制。根据气动纠偏原理，纠偏系统的控制流程如图 14-4 所示。

平带传动应用气动纠偏后，使物料输送的可靠性得到了极大的提高，在食品、烟草、电子等输送效率要求较高的行业得到了较广泛的应用。

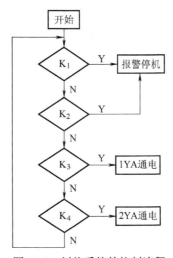

图 14-4　纠偏系统的控制流程

14.2　举升转向装置

自动传输线上经常需要把工件输送到其他的输送线上去，这就需要对工件在传输线上的位置进行调整。例如，在对十字交叉的两条输送线上的烟包进行传输时，需要将烟包转动 90°，而要实现转向功能，需要将烟包举升以后才能转向。图 14-5 所示为一烟包输送线的举升转向装置结构原理图。

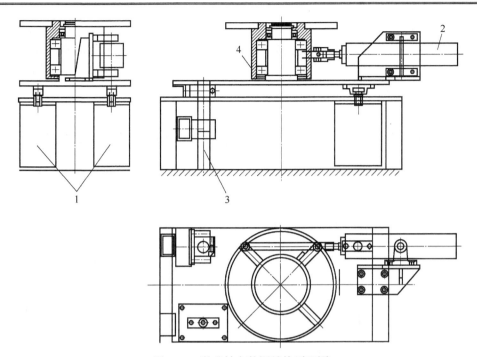

图 14-5　举升转向装置结构原理图

1—举升气缸；2—回转气缸；3—直线导轨；4—承重轴承

　　该装置的工作过程为：首先，把烟包举升到设定的高度；其次，把烟包转动 90°；最后，把烟包放置于传输线上，由传输线将烟包输送到相应的工位。该装置的气动系统原理图如图 14-6 所示。烟包的举升由两个同步气缸来实现；而回转运动是由回转气缸实现的，该气缸的前出杆及缸筒中部由铰座连接，可以使气缸在一定范围内摆动。

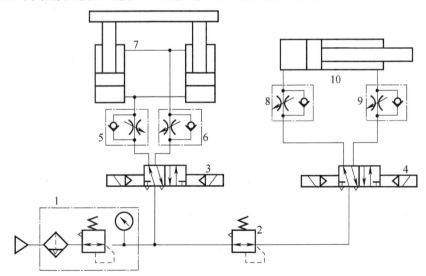

图 14-6　举升转向装置气动原理图

1—两联件；2—减压阀；3、4—电磁阀；5，6，8，9—调速阀；7—举升气缸；10—回转气缸由图 14-5 和图 14-6 可知，两个举升气缸 7 采用的是双缸同步回路，回转气缸 10 前通过减压阀 2 设定工作压力来设定回转气缸 10 的输出力，避免压力过大而引起不必要的冲击。采用双电控电磁阀主要为了防止断电时装置能够保持当前状态，防止烟包落下，引起故障及安全事故。

14.3 气动力控制及位置控制在自动化装置中的应用

1. 气动夹抱提升装置

图 14-7 所示为气动夹抱提升装置结构原理图。首先，通过夹紧气缸 2 把工件夹紧，然后提升气缸 1 将工件提升到一定高度，使工件与托盘分离，将托盘传输到另一条输送线上，再通过回转气缸 3 驱动，使工件回转 90°，然后把工件落到传输线 6 上，即可把工件输送到相应的工位。

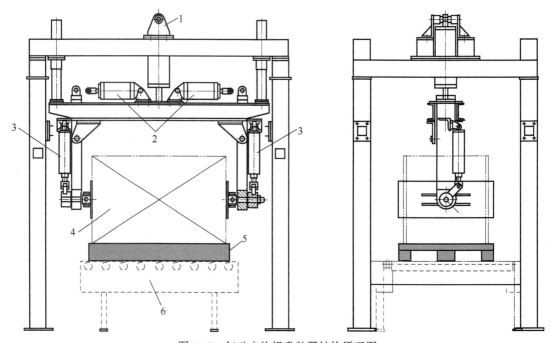

图 14-7 气动夹抱提升装置结构原理图

1—提升气缸；2—夹紧气缸；3—回转气缸；4—工件；5—托盘；6—传输线

由气动夹抱提升装置的作用可知，该装置的气动系统必须满足以下几个功能：

（1）提升气缸必须能实现行程中间定位，以使工件能停在适当的高度。

（2）夹紧气缸必须能实现输出力大小的控制，该夹紧力既要使工件在提升过程中不能落下，又要避免夹紧力过大而损坏工件。

（3）提升气缸在放下工件到传输带上时，不能将气缸的输出力作用到传输线上，以免损坏传输线。

（4）由于工件的尺寸有一定的误差，因此回转气缸在工件夹紧时，其行程位置应该在一定范围内可调。

2. 气动系统原理图

根据上述装置的特点所设计的夹抱提升装置气动系统原理图如图 14-8 所示。

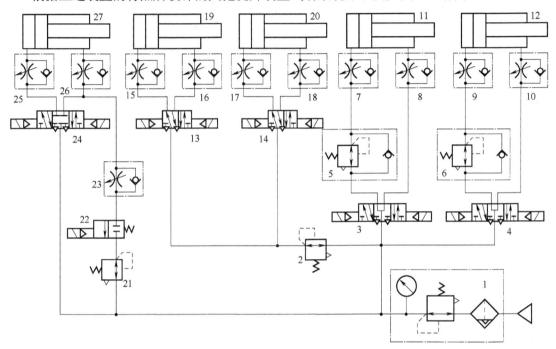

图 14-8　夹抱提升装置气动系统原理图

1—两联件；2，21—减压阀；3，4，24—三位五通电磁阀；5，6—单向减压阀；
7，8，9，10，15，16，17，18，23，25，26—调速阀；11，12—回转气缸；
13，14—二位五通电磁阀；19，20—夹紧气缸；22—二位二通电磁阀；27—提升气缸

1）提升气缸的气动回路

提升气缸 27 的气动回路采用了三位五通电磁阀 24。当提升气缸 27 向上运动到一定位置时，气缸上部的行程开关发出信号，使电磁阀 24 断电而工作于中位。由于电磁阀 24 是 O 型中位，因此气缸在该位置停止运动。这是一个典型的位置控制回路。当提升气缸 27 下降时，到达一定位置，安装于气缸下部的行程开关发出信号，使电磁阀 24 断电，二位二通电磁阀 22 得电，此时电磁阀 24 工作于中位，气源不再向该气缸供气，提升气缸 27 在负载重量及气缸上腔（无杆腔）残存压力的驱动下继续下行，通过调节减压阀 21 的压力大小平衡掉气缸上腔压力的输出力及机械结构的自重，从而使提升气缸 27 将工件落放在输送线上时，对输送线的作用力只有负载的自重，达到保护输送线的目的。

2）夹紧气缸的气动控制回路

为了使夹紧气缸 19、20 的输出力可调，在电磁阀 13、14 的进气口加了一个减压阀 2，通过调节减压阀 2 的输出压力来设定夹紧气缸的夹紧力。这是一个典型的力控制回路。为了防止

举升过程中由于断电等原因而引起工件落下等故障，电磁阀 13、14 采用双电控方式。由于双电控电磁阀具有输出记忆功能，是一个双稳态元件，故可起到安全保护作用。

3）回转气缸的气动控制回路

回转气缸 11、12 采用 Y 型中位机能的三位五通电磁阀 3、4。当夹紧气缸 19、20 夹紧时，电磁阀 3、4 处于中位，通过调节单向减压阀 5、6 的输出压力，使得回转气缸 11、12 有杆腔与无杆腔的输出力相等，从而在夹紧过程中，使回转气缸的行程在外力的作用下可以调整。

习　题

图 14-9 所示的机床夹具气动系统，其工作循环是：垂直气缸 4 下降把工件 11 压紧，两侧气缸 9、10 同时前进，对被压紧工件 11 的两侧面夹紧后，进行钻削加工，然后各夹紧缸退回，松开工件。试分析该气动系统的工作原理。

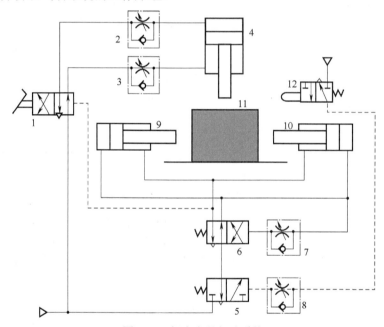

图 14-9　机床夹具气动系统

1—人力换向阀；2，3，7，8—调速阀；4—垂直气缸；5—二位三通气控换向阀；
6—二位四通气控换向阀；9，10—两侧气缸；11—工件；12—机控换向阀

参 考 文 献

[1] 左健民. 液压与气压传动[M]. 第四版. 北京：机械工业出版社，2015.11.

[2] 李笑. 液压与气压传动[M]. 北京：国防工业出版社，2006.3.

[3] 彭熙伟. 流体传动与控制[M]. 北京：机械工业出版社，2005.2.

[4] 曹建东，龚肖新. 液压传动与气动技术[M]. 北京：北京大学出版社，2008.6.

[5] 宋军民，周晓峰. 液压传动与气动技术[M]. 第二版. 北京：中国劳动社会保障出版社，2009.12.

[6] 王积伟. 液压传动[M]. 北京：机械工业出版社，2006.